基于产品与模式视角下
浙江省农产品电子商务发展
差异性研究

陈旭堂　黄艳娴　张　燕　著

中国农业出版社

北　京

前　　言

　　随着乡村发展与乡村振兴进入新阶段，越来越多的中国电子商务平台、经营者下乡助农、扶农，通过知识产权推动农户增收致富新平台，越来越多的农产品、地理标志农产品通过线上渠道受到消费者的认可和青睐。近十年的中央1号文件都将重点放在了"三农"问题上，更是出台了很多与农产品电商相关的政策，表明了政府对于农产品电子商务的重视。农产品电子商务对推动农业经济发展和农业转型升级具有重要意义。尽管政府频频出台政策支持农产品电子商务发展，但低采纳率情况一直未得到明显改善，我们有必要了解农户采纳农产品电子商务决策的影响机制以改善这种困境。与此同时，东部地区浙江省农产品电子商务发展较为成熟，很多经验、模式可以借鉴，值得推广。鉴于此，本研究以东部地区农产品电子商务发展较为成熟的浙江省为研究区域，以参与农产品电子商务的农户为调研对象，以产品与模式为视角，从农产品电商与工业品电商差异性、新鲜农产品电商与干货农产品电商差异性、农产品电子商务发展模式差异性对浙江农产品电子商务发展的影响进行深入研究，发现浙江农产品电子商务发展存在的问题及障碍，并提出一系列推动浙江农产品电子商务发展的对策建议。

　　全书共分为八个章节，主要的研究内容和相关结论陈述如下：

　　研究内容一：对相关理论和农产品电子商务相关文献研究进行梳理，给出全书研究的理论基础和研究支撑，在此基础上，进一步对浙江省农产品电子商务发展现状进行分析。研究发现，浙江省政府大力发展农产品电商，推进电商下乡、农产品上网，在农产品网络零售、农产品网店等方面取得显著成效，农产品电子商务呈现集聚集群发展。

　　研究内容二：通过对农产品电子商务发展的动力因素进行深入分析，发现农产品电子商务发展的动力因素主要包括：农产品电商参与主体、农产品电商平台、农产品物流、农产品种植规模、农产品销售距离、农产品质量、农产品特性、农产品消费者等。

研究内容三：从网络销售的农户家庭收入差异性分析来看，从事农产品与工业品网络销售的农户家庭收入增加。从农户从事农产品与工业品网络销售时间看，农户从事农产品与工业品网络销售初期对家庭收入贡献率相对较低，随着经营时间拉长，对农户家庭收入贡献率越来越高。从网络供货的农户家庭收入差异性分析来看，农产品与工业品网络销售的农户家庭收入增加。从网络供货农产品与工业品的农户给网商供货时间看，网络供货农产品与工业品的农户给网络销售商供货初期对家庭收入贡献率相对较低，随着经营时间拉长，对网络供货农产品与工业品的农户家庭收入贡献率越来越高。

研究内容四：从农户从事新鲜与干货农产品网络销售的平均家庭收入来看，发展农产品电子商务带来了从事新鲜与干货农产品网络销售的农户家庭收入增加。从农户从事新鲜与干货农产品网络销售时间看，农户从事新鲜与干货农产品网络销售初期对家庭收入贡献率相对较低，随着经营时间拉长，对农户家庭收入贡献率越来越高。从网络供货新鲜与干货农产品的农户家庭收入来看，发展农产品电子商务带来了网络供货新鲜与干货农产品的农户家庭收入增加。从提供网货收入占家庭收入比重看，发展农产品电子商务对给网络销售商提供网货的网络供货干货农产品的农户家庭收入贡献率相对较高。

研究内容五：根据调研数据分析显示，FCP 模式、FBBP 模式、FBEP 模式、FPF 模式等四种模式中的农户从事网络销售家庭收入也存在差异性。其中，FBEP 发展模式的农户家庭收入增长率最高，其次是 FCP 发展模式，而 FPF 发展模式的农户家庭收入增长率最低。

基于上述研究结果，本书提出相应政策建议：政府应加大农产品电子商务扶持力度，打造区域农产品品牌，构建农产品供应链体系，构建新媒体营销模式，加快农产品跨境电子商务发展，积极培育农产品电子商务参与主体。

著　者

2022 年 8 月

目　　录

第1章 导　论

1.1　问题提出

近十年的中央1号文件都将重点放在了"三农"问题上，更是出台了很多与农产品电商相关的政策，如《关于促进农村电子商务加快发展的指导意见》，商务部颁布的《农村电子商务服务规范（试行）》和《农村电子商务工作指引（试行）》等文件，表明了政府对于农产品电子商务的重视。农产品电子商务对推动农业经济发展和农业转型升级具有重要意义。尽管政府频频出台政策支持农产品电子商务发展，但低采纳率情况一直未得到明显改善，我们有必要了解农户采纳农产品电子商务决策的影响机制以改善这种困境，与此同时，天猫、京东接连开设生鲜电商平台，本来生活、沱沱工社等电商企业打造生鲜自营渠道，一些线下超市开始"上线"。但现实却极不乐观：比如万家、永辉等知名超市已经放弃生鲜农产品网上销售，全国4 000多家生鲜电商企业绝大多数亏损。正如有学者基于阿里巴巴电商平台数据，综合运用E指数、数据包络分析与回归分析，对东、西部农产品电子商务发展的差异状况及形成机理进行研究，得到如下的结论：东部涉农电商产业的体量、质量均优于西部地区，这是两地经济社会发展水平差距的进一步延伸[1]。

随着农产品电子商务研究视角的微观化以及研究内容的深入与研究领域的扩展，"企业、消费者、政府"三维主体决策行为、运行模式建构与选择、农户社会福利影响机理机制、农产品电子商务供应链中的协作机制等问题成为研究的重点[2]。农产品电子商务对于化解农业生产中的"小农户"和"大市场"之间的矛盾、有效推进乡村产业融合发展和乡村经济转型具有重要的作用。也可以说，农产品电子商务已成为解决我国农村贫困地区农产品供求结构失衡、农民收入持续增长乏力的重要路径之一。然而，农产品电子商务在发展过程中出现的同质化程度高、运输成本高、标准化程度低、信任程度低、安全性低、营商环境较差等主要问题，已成为我国农产品电子商务持续、健康发展的主要障碍，制约了农产品电子商务在平衡农产品供求、促进农民持续增收中的重要作用。同时，农业的行业特征和产品特性决定了农产品电子商务与传统电子商务有显著差异，现有关于传统电子商务的理论成果可能不适用于解释农产品电子商务的运行规律。

值得关注的是，浙江省农产品电子商务发展成效显著。2020 年浙江省县域数字农业农村发展总体水平为 66.7%，连续三年稳居全国第一。全省 85 个涉农县（市、区）中有 81 个县（市、区）的发展水平超过了全国总体水平，发展水平排名全国前 100 的县（市、区）浙江省有 26 个。全省农业农村信息化资金总投入 378.6 亿元，县均投入 4.5 亿元，同比增长 55.3%，两项指标均为全国水平的近 10 倍。农业数字化转型正瞄准农业现代化和乡村振兴战略的重大需求，以科技创新和机制创新为动力，助推农业高质量发展。经营信息化完善农业产业链。农产品网络零售额高速增长。2020 年浙江省县域农产品网络零售额为 1 143.5 亿元，占农产品交易总额的 37.5%，排名全国第一，高出全国平均交易额近 24 个百分点。全省有 14 个县（市、区）农产品网络零售额入围全国前 100 名。农产品质量安全追溯信息化发展势头强劲。2020 年浙江省县域农产品质量安全追溯信息化发展水平为 63.5%，高出全国平均数 41 个百分点。数字技术已经串起农产品生产端和销售端，有效衔接农业全产业链各个环节，补齐短板提升价值链，在实现全产业链融合过程中发挥着突出作用①。

综上，全国农产品电子商务存在区域发展不平衡性，东部地区浙江省农产品电子商务发展较为成熟，很多经验、模式可以借鉴，值得推广。因此，选择农产品电子商务发展最好的浙江省作为研究区域。与此同时，浙江省农产品电子商务发展特征是什么、有哪些典型的农产品电商模式更能够促进农户增收致富、什么样特征的农户更有可能采纳电子商务？浙江省农村区域内农产品电子商务与工业品电子商务发展是否存在差异性，差异性有多大？浙江农村区域内新鲜农产品电子商务与干货农产品电子商务发展是否存在差异性，有哪些差异？浙江省农村区域农户从事不同电子商务发展模式，是否存在差异性，不同模式对农户增收差距有多大？这些问题都是值得人们关注和深入研究的。针对

---

① 数据来源：浙江省农业农村厅发布《2021 年浙江省县域数字农业农村发展水平评价报告》。

这些问题能否提出一系列对策建议推动浙江省农产品电子商务进一步向前更快更好地发展，从而为浙江省运用这一新型手段，促进更多农产品上行、增加农户收入、提高农户福利水平，为浙江省农村地区率先实现乡村振兴与共同富裕创造条件，这是本书要达到的目的。

1.2　研究意义

浙江省作为东部发达地区且农产品电子商务发展势头强劲。因此，在当前研究浙江农产品电子商务发展深层次差异性有着重要的理论意义和实际应用价值。

1.2.1　理论意义

通过对浙江省农产品电子商务发展进行深层次差异性分析，找出农产品电商参与主体推动农产品电子商务发展内在机制，为更好地把握农产品电子商务在农村扩散内在机理有着重要的理论意义。

1.2.2　实际价值

通过对浙江省农产品电子商务进行研究，找出其在农村地区扩散机制，为在产业、经济基础、要素禀赋、空间地理等方面比较薄弱的其他诸多地区发展农产品电子商务，思考自己如何在"互联网＋"的时代发挥后发优势，提供有益的借鉴。

从产品与模式视角，分别分析农产品与工业品电子商务发展差异、新鲜农产品与干货农产品电子商务发展差异、不同农产品电商模式差异，发现存在的问题，有针对性地提出对策建议，帮助参与主体客观认识农产品电子商务发展机遇，促进参与主体积极推进农产品电子商务发展。

1.3　研究目标和内容

1.3.1　研究目标

本书主要基于微观数据为开展差异性研究提供理论与现实依据。

具体目标如下：

一是通过对影响农产品电子商发展的农产品电商参与主体、农产品电商平台、农产品物流、农产品种植规模、农产品销售距离、农产品质量、农产品特性、农产品消费者等因素进行定性分析，阐明既定因素对农产品电子商务发展的作用机理，为浙江省农村进一步实施电子商务战略找到理论依据。

二是从农产品电商与工业品电商、新鲜农产品电商与干货农产品电商、不同农产品电商模式对浙江农产品电子商务发展影响等方面进行深入研究，发现浙江农产品电子商务发展存在的问题及障碍，并提出一系列推动浙江农产品电子商务发展的对策建议。

1.3.2 研究内容

本书研究的具体内容如下：

第1章是导论。主要从研究背景、意义方面来明确本书研究的必要性，对研究框架进行架构，并在此基础上明确研究方法和技术路线，对本书可能出现的创新之处进行详细说明。

第2章是理论依据与研究动态。对本书涉及的相关理论进行总结，对国内外互联网在农业领域应用、农产品供应链、农产品电子商务发展的影响因素、农产品电子商务发展模式、农产品电子商务发展作用等研究成果进行整理与总结。

第3章是浙江省农产品电子商务发展状况。宏观上，对浙江省农产品电子商务的发展现状进行探讨；微观上，对浙江省网络销售农户与网络供货农户的不同类型进行分析。

第4章是农产品电子商务发展的影响因素。对影响农产品电子商发展的农产品电商参与主体、农产品电商平台、农产品物流、农产品种植规模、农产品销售距离、农产品质量、农产品特性、农产品消费者等因素进行深入定性分析，了解各因素对农产品电子商务发展的影响机制。

第5章是浙江省农产品与工业品电子商务发展差异性分析。基于产品视角，对浙江省农户从事农产品与工业品网络销售和网络供货情况进行差异性分析，对其差异性影响因素进行深入探讨。

第6章是浙江省新鲜与干货农产品电子商务发展差异性分析。基于产品视角，对浙江省农户从事新鲜农产品与干货农产品网络销售和网络供货情况进行差异性分析，对其差异性影响因素进行深入探讨。

第7章是浙江省农产品电子商务发展模式差异性分析。基于模式视角，对浙江省农产品电子商务发展不同模式进行总结，并对不同模式下网络销售的农户增收情况进行评价，对农户增收差异性影响因素进行深入探讨。

第 8 章是本书的落脚点，提升浙江省农产品电商发展对策建议。基于前文的分析，提出一系列加快浙江省农产品电子商务发展的对策建议。

1.4 研究方法、技术路线与数据来源

1.4.1 研究方法

本书将综合采用多种研究方法与分析技术来完成研究任务，以实地问卷调查为基础，注重定量分析与定性分析相结合。具体研究方案如下：

（1）社会调查法

一方面将从宏观角度对统计资料进行分析处理；另一方面，还将深入调查样本所在的农产品电子商务不同区域、不同发展模式，进行多轮的田野调查以收集微观资料。在此基础上，再对相关资料与数据进行定性与定量的分析。

在实证研究过程中，主要应用社会调查法中的问卷调查法。问卷调查法：本研究采用分组抽样方法对浙江省区域范围内的农户、合作社、农产品加工企业、农产品电子商务协会等合作组织、农产品电子商务发展的管理部门进行问卷调查与访谈。

（2）定性与定量分析法

本研究对浙江省农产品电子商务发展进行分析与探索时也采用了此类研究常用的定性分析与定量分析相结合的方法，一方面，本研究在分析与研究农产品电子商务发展动力因素时采用了定性分析方法，旨在回答农产品电子商务发展是什么、有什么特征及为什么等问题；而在对浙江省农产品电子商务发展差异性研究时，又通过统计数据、图表、公式和数据计算等方法进行了定量分析，从而使其与定性分析相互配合与补充，以证明论据的翔实和观点的可靠。部分章节采用定性定量混合法，即对定性数据进行定量分析，或者从定性视角质疑、诘问定量数据，使本书的规范研究更具效力，实证研究更能揭示研究对象的本质属性。

（3）案例分析法

案例研究方法根据研究需要和目的的不同，可以分为解释性案例研究、

探索性案例研究和描述性案例研究，解释性案例研究又可以用后面两种研究方法来补充。案例研究既可以基于定量材料，也可以基于定性材料，或是同时基于定性材料和定量材料。本书将采用案例研究的方法，在样本区选择典型案例。因为，典型案例的定性研究能够对不同模式产生背景、发展现状、运行状况、发展趋势等进行深入研究，剖析案例中农产品电子商务模式形成、演进、作用的过程。典型案例的定量研究能够更加客观地考察不同模式的浙江省农产品电子商务对地方农户的增收贡献。本书的典型案例中，实地访谈、问卷调查、统计数据、文献和档案资料的收集都是在以上几个层面上进行的。

1.4.2 研究技术路线

本书研究技术路线具体见图1-1。

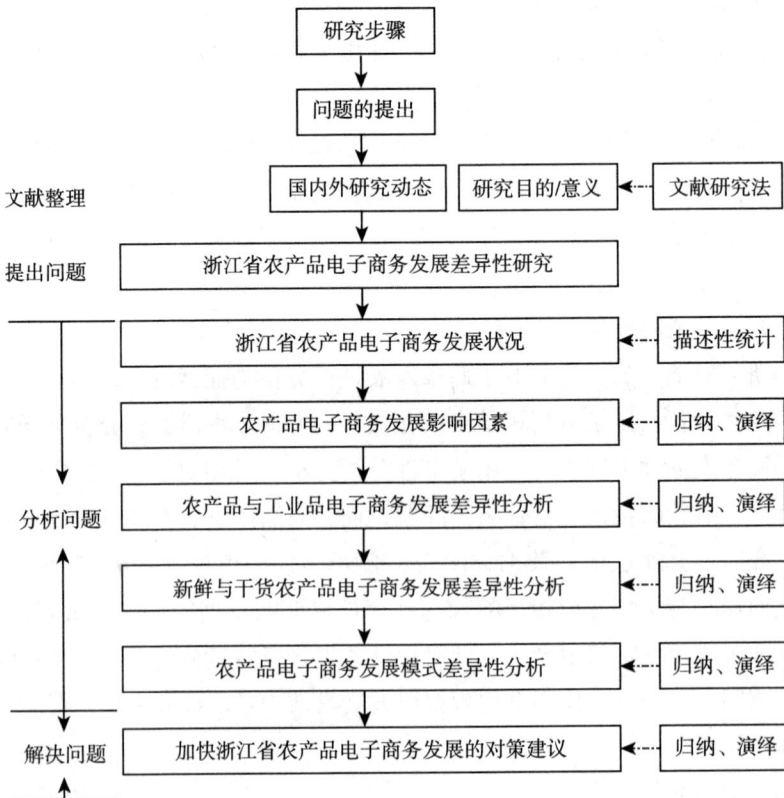

图1-1 技术路线

1.4.3 数据来源

为获得研究所需要的第一手资料，本研究所涉及的微观数据主要通过设计调查问卷对农户①等相关主体开展实地调查获得，2019 年 7—10 月开展农户调查问卷调研，涉及三个方面内容，分别为基本情况、网络销售情况、供货给当地网商情况等，其中基本情况又包括农户个人特征、本村电子商务发展情况、参加组织情况、网络购物情况、参与农村电子商务环节等五个方面内容。问卷调查采用市、县分层抽样和农户随机抽样相结合的方法，因此样本总体上能代表浙江省的整体情况。农户调查选用调查问卷、座谈会、知情人深入访谈等方式方法。调查采用随机入户方式，问卷由被调查农户自己填写完成或在调查员询问农户的基础上填写完成。根据 2018 年经济发展水平及人均 GDP 和人均收入水平将浙江省 11 个地级市分成经济发达、经济中等、经济欠发达 3 个层次，在每个层次抽取 1 个地级市，同样的方法在每个地级市抽取 3 个县，结果 2 次分层抽样选取了温州市的乐清、平阳、泰顺，金华市的义乌、永康、蒲江，丽水市的缙云、遂昌、松阳，共 3 市 9 县，每个地级市发放问卷 405 份，每个县发放 135 份，此次共发放问卷 1 215 份，收回 1 183 份，回收率为 97.36%，有效问卷 1 111 份，回收率为 91.44%。从调查农产品和工业品销售主体看，从事农产品销售的农户填答有效问卷 529 份，占比 47.61%；从事工业品销售的农户填答有效问卷 582 份，占比 52.39%；在从事农产品销售的农户填答有效问卷中，从事新鲜农产品销售的农户填答有效问卷 187 份，占从事农产品销售的农户填答有效问卷比 35.35%；从事干货农产品销售的农户填答有效问卷 342 份，占比 64.65%。

1.5 可能存在的创新

与已有相关研究文献相比，本书的创新之处可能有两个方面。

（1）拓展了研究视角

本书主要从产品与模式双视角，分别深入分析农产品与工业品电商差异

---

① 注明：本次调查农户根据户籍所在地分为：1. 调查村农户；2. 浙江省户籍，但户籍所在地不是本村的农户；3. 在调查村生活超过 6 个月以上的外省户籍农户。

性、新鲜农产品与干货农产品电商差异性，以及不同农产品电商模式对农户增收差异性等，这可能是对农产品电子商务研究的拓展。

（2）差异性的研究

本书也对农产品与工业品电商、新鲜农产品与干货农产品电商、不同农产品电商发展模式进行差异性实证分析，弥补了现有文献的不足。现有研究只是针对农产品电商，而忽视了不同产品的电子商务发展差异性，这是本书的又一创新之处。

第 2 章　理论依据与研究动态

2.1　理论依据

2.1.1　供应链理论

供应链是指商品送达消费者手中之前的环节的联系或业务的衔接，是各环节主体通过对信息流、物流、资金流的控制，原材料通过生产者变为商品，商品再通过批发销售商、运输仓储等环节送到消费者手中的过程，这个过程像一条网链将供应商、制造商、分销商、零售商和消费者串联起来形成一个整体。供应链管理的理念是站在消费者的角度，通过企业间的协作，共同达到供应链整体效率最高、利益最大化的目标。成功的供应链管理能够协调各环节并整合所有生产经营活动，使产品从生产到最终被消费各个关节无缝一体化。但是在实际操作中，这个目标的完成必须要满足两个条件：一是企业管理者要能够实时获取各种必要信息；二是其他企业能够完全信任并充分展开合作。

供应链理论对本书的借鉴意义在于，对于网络供货的农户来说，供应链理论影响了农产品经营决策行为，农户直接将农产品供应给网络销售商，缩短了供应链，获得了更多利益。因此本书将基于供应链理论主要解释农户网络供货情况。

2.1.2　交易成本理论

交易成本理论是由科斯提出的，交易成本泛指所有为促成交易发生而形成的成本，包括搜寻成本、信息成本、议价成本、决策成本、监督成本、违约成本。之后，Williamson 进一步将交易成本加以整理，区分为事前与事后两大类。事前的交易成本包括签约、谈判、保障契约等成本。事后的交易成本包括契约不能适应所导致的成本。简言之，所谓交易成本就是指当交易行为发生时，随同交易产生的信息搜寻、条件谈判与交易实施等的各项成本。交易成本是人性因素与交易环境因素交互影响下所产生的市场失灵现象造成的交易困难所致。Williamson 指出了六项交易成本来源：有限理性、投机主义、不确定性与复杂性、专用性投资、信息不对称、气氛。由于人类有限理性的限制，交易不确定性的升高会伴随着监督成本、议价成本的提升，使交易成本增加。交易频率的升高使得企业会将该交易的经济活动内部化以节省企业的交易成本。

交易成本理论对本书的借鉴意义在于，由于交易成本的存在，网络销售的农户与网络供货的农户获得的电商化服务存在异质性，因此将影响不同主体收入，这些将在本书的第5章、第6章、第7章分析网络销售的农户与网络供货的农户家庭收入差异性时进行详细的阐述。

2.1.3 农业区位选择理论

农业区位理论由德国经济学家冯·杜能提出。该理论认为市场上农产品的销售价格决定农业经营的产品和经营方式；农产品的销售成本为生产成本和运输成本之和；而运输费用又决定着农产品的总生产成本。因此，某个经营者是否能在单位面积土地上获得最大利润（P），将由农业生产成本（E）、农产品的市场价格（V）和把农产品从产地运到市场的费用（T）三个因素所决定，它们之间的变化关系可用公式表示为：$P=V-(E+T)$。

农业区位选择理论对本书的借鉴作用在于，网络供货的农户基于生产资料运输成本和农产品外销运输成本考量，一般会选择离市场较近的区位。而网络销售的农户基于运输成本考量，也往往会搜寻距离市场较近的农产品生产基地。因此对本书有重要的借鉴意义，具体将在本书的第5章和第6章详细阐述。

2.1.4 资源禀赋理论

瑞典经济学家赫克歇尔和俄林为了解释李嘉图比较优势理论，在20世纪早期，提出了资源禀赋学说，用来说明各国生产参与国际贸易交换的商品具有比较成本优势的原因。俄林批判性地继承了大卫·李嘉图的比较成本说，他认为，在生产活动中，必须同时考虑到各个生产要素，"一国的比较优势产品，也因此应该出口的产品，是需要在生产上密集使用该国相对充裕而便宜的生产要素生产的产品；一国的比较劣势产品，也因此应该进口的产品，是需要在生产上密集使用该国相对稀缺而昂贵的生产要素生产的产品。"这种理论观点也被称为狭义的要素禀赋论。而广义的要素禀赋理论指出，当国际贸易使参加贸易的国家在商品的市场价格、生产商品的生产要素的价格相等的情况下，以及在生产要素价格均等的前提下，两国生产同一产品的技术水平相等（或生产同一产品的技术密集度相同）的情况下，国际贸易取决于各国生产要素的禀赋，各国的生产结构表现为，每个国家专门生产密集使用本国具有相对禀赋优势的生产要素的商品。

资源禀赋理论对本书的借鉴作用在于，农产品具有地域特色，不同地区、不同的温度、土质、湿度等生产出来的农产品具有其独特性。因此对本书有重要的借鉴意义，具体将在本书的第 5 章和第 6 章详细阐述。

2.1.5　品牌理论

自 1950 年广告大师大卫·奥格威（David Ogilvy）第一次提出了品牌概念以来，品牌理论内容不断丰富和发展。比如：1955 年，伯利·B. 加德纳（Burleigh B. Gardner）和西德尼·J. 利维（Sidney J. Levy）提出了情感性品牌和品牌个性的思想，罗素·瑞夫斯提出 USP（Unique Sales Proposition）理论，1963 年，大卫·奥格威（David Ogilvy）提出了著名的品牌形象论（Brand Image），该理论有三个原则，即随着产品同质化的加强，消费者对品牌的理性选择减弱；人们同时追求功能及情感利益，广告应着重赋予品牌更多感性利益。1969 年，里斯（Rise）和特劳特（Trout）首先提出"定位论"（Positioning）一词。大卫·艾克提出了品牌资产（Brand Equity）概念，并提出了"品牌资产五星模型"，即品牌忠诚度、品牌认知度、品牌知名度、品牌联想和其他品牌资产五个方面。21 世纪初至今，学界开启了品牌研究的新视角。汤姆·邓肯（Tom Duncan）认为真正的品牌其实是存在于利益相关者的内心，品牌生态系统内各相关利益团体之间存在着内在的双向互动联系和重叠交叉现象，企业品牌与商业生态环境之间存在着一种协同进化的能力和适应的能力。2004 年美国品牌战略专家劳伦斯·维森特（Laurence Vincent）从叙事学的角度论述品牌，品牌神话利用品牌叙事传达一种世界观，是一系列超越商品使用功能和认知产品特征的神圣理念。

品牌理论对本书的借鉴作用在于，品牌农产品，就意味着其知名度高、品质有保障，往往成为农产品消费者优选。因此对本书有重要的借鉴意义，具体将在本书的第 5 章和第 6 章详细阐述。

2.1.6 网络营销理论

以互联网为主要手段开展的营销活动都可称为网络营销。网络营销是企业营销的组成部分,是以互联网为手段展开的营销活动,是电子商务的基础和核心。它以互联网媒体为基础,以其他媒体为整合工具,并以互联网特性和理念去实施营销活动,更有效地促成品牌的提升或个人和组织实现交易活动的营销模式。网络营销的特点包括:跨时空与交互性、多媒体与人性化、无形化、成长性与超前性、整合性、高效性与经济性、技术性。网络营销的方法主要分为无网站的网络营销和基于网站的网络营销两种。无网站的网络营销主要依靠电子邮件营销和虚拟社区营销等,基于网站营销是网络营销的主体。网络营销理论模型是包含多个分析维度的系统化理论框架,而不是单一维度的简单理论。典型的网络营销理论模型包括网络营销 SoLoMo 理论模型、网络营销 4I 理论模型和网络营销 SURE 理论模型。其中,网络营销 SoLoMo 理论模型是美国KPCB 风险投资公司合伙人 John Doerr 在 2011 年 2 月提出的一个网络营销理论模型,为涉足互联网的企业提出了重要的网络营销战略方向,即更加的社会化、更加的本地化和更加的移动化。4I 营销理论模型的内涵因提出人的不同而有所不同。网络营销 SURE 理论模型是一个系统化的网络营销理论模型。即口碑扩散(Spreading)、关系融合(Unification)、路径营销(Route)和精准营销(Exactness)四个营销推广准则。SURE 模型从内容营销、病毒式营销、用户体验等维度来讨论如何通过互联网扩散口碑。

网络营销理论对本书的借鉴意义在于,在对农户的电商行为观察分析的基础上,通过营销理论模型,将实际销售中的农户决策抽象化,以此分析影响网络销售的农户网络营销决策的重要因素,具体将在本书的第 5、第 6 章进行阐述。

2.2 国内外研究动态

2.2.1 国外研究动态

目前,国内外学者对农产品电子商务的研究较为丰富,其中国外学者对农产品电子商务研究相对较少,相对国外而言,国内对农产品电子商务的研究相对丰富一些。因此,本书对于国内外文献梳理有所侧重,其中国外部分大致作如下五个方面梳理：第一，关于互联网在农业领域的应用研究；第二，关于农产品供应链研究；第三，关于农产品电子商务发展的影响因素研究；第四，关于农产品电子商务发展模式研究；第五，关于农产品电子商务发展作用研究；国内除了对农产品电子商务发展水平相关研究进行文献梳理外，基本同国外类似。

2.2.1.1　关于互联网在农业领域的应用研究

美国较早将网络应用于农业领域。1999 年美国有 63.4 万个农场和牧场接通了互联网，通过网络进行农产品交易的农牧场比重达到 4％（Morehart and Hopkins，2000）[3]。Fritz 等发现，2000 年美国和欧洲共有 85 个农产品电子交易平台，但到了 2002 年仅剩下了 25 个[4]。2005 年，美国网络应用于农场经营的农场比重达到 31％，2011 年网络应用于农场经营的农场比重上升到 37％（USDA，2005，2011）[5]。Volpentesta 等研究了意大利卡拉布里亚区 211 家中小型农业企业网站建设情况，基于 ANOVA 模型的研究结果表明，多数网站的界面只提供展示功能，不具备支付交易功能，且都没有建立基于网站的虚拟社区[6]。进入 21 世纪，欧洲农业电子商务进入快速发展阶段。2006 年对英格兰和威尔士农业社区的调查结果显示，61％的农场配备了电脑且将其用于商业活动，30％的接有网络的农场将网络用于业务经营和管理（Gibbons、Offer，2007）[7]。DEFRA2007 年对英格兰的调查结果显示，52％的农业企业具备中等水平的计算机和信息技术能力，超过 25％的粮食和牛奶场、约 15％的家畜养殖场运用计算机买卖产品（DEFRA，2010）[8]。Cloete 等对南非 795 家农业企业进行了问卷调查，考察它们是否已应用电子商务，其研究结果显示，在 74 家有效调查对象中，有 2/3 的农业企业拥有自己的网站，其中 55.4％的农业企业能够应用电子商务；即使在目前还未应用电子商务的农业企业中，也有超过 80％的企业表示准备在未来应用电子商务[9]。

2.2.1.2　关于农产品供应链相关研究

一些学者开始探讨电子商务破解生鲜农产品流通困局的理论可行性[10-11]。Bacarin 等提出一个基于电子商务的农产品供应链合约治理框架，此框架包含合约、协调计划与规则三个核心要件，旨在完善合约的准确性，增强合约对供应链成员的约束性[12]。从农产品电子商务需求推动的角度看，终端需求会倒逼着企业前端生产—加工—流通等环节"标准化"，推动企业建立可追溯体系，有利于提升农产品品质，促进绿色和个性化生产[13]。综上所述，减少农产品供应链的结构层次并建立动态合作关系，是涉农企业降低不良成本、提高运营效果的重要途径。Rolf A. E. Mueller（2000）从供应链、价值链等方面对农产品电子商务进行分析[14]。价值系统整合是指"多个经济主体在共同的市场合作计划指导下，采取提高消费者的价值和价值链效率的组织间合作方式，运营和管理价值链的产品、服务和信息流"[15]。另外，由于 Forrester 效应的存在，造成信息在冗长的传输路径中的扭曲和失真，不利于正确决策、采取符合客观实际的行动方案[16]。农户、农产品供应商及农产品经销商之间的信息系统实现无缝衔接，提高了供应链管理的柔性，降低了供应链物流管理的成本和风险，使农产品市场需求信息准确及时地到达供应链中的相关节点，使农业生产更有计划性，从而减少了农民的市场风险，提高了农民收入。以 Internet 为技术特征的电子商务平台；现为解决这些供应链问题提供了新的办法[17]。Stritto 等认为，将电子商务引入农业供应链，应经历环境评价、物流决策、制定供应链战略、实现供应链发展四个阶段[18]。

2.2.1.3 关于农产品电子商务发展的影响因素研究

从参与主体企业来看，有学者认为社会经济、政策、隐私安全和基础设施建设等因素对农产品电子商务的采纳实施具有显著的影响[19]。Menger C（1981）、Ramesh G 和 Jason R（2001）发现许多农产品加工企业不愿意参与电子商务，其主要原因涉及战略上不重视业务，不确定互联网的性能、可靠性和安全性，缺乏技术基础设施及技能熟练的人才[20-21]。农产品电子商务的采纳是指在农产品销售活动中，利用信息通信技术和相关应用支持农产品交易、运营、管理和决策等活动[22]。Hobbs 等以美国、加拿大、英国畜产品农业企业为样本，通过问卷调查方式测度了农业企业成功应用电子商务共性因素的重要程度，发现在农产品多样性、线上支付系统、线下支付系统、运输方式、跨境销售能力、装运中的产品质量控制和消费者反馈这 7 个主要因素中，跨境销售能力最重要[23]。Molla 等对澳大利亚园艺产业应用电子商务的影响因素进行了考察，指出企业技术能力、资金支持、本身规模以及环境准备 4 个因素是直接影响因素，企业组织准备是间接影响因素[24]。Bodini 等对意大利 3 家葡萄酒厂商进行了基于网站易用性的探索性案例分析，发现网站导航效率、网站内容的准确性、供应链信息是农副产品企业成功应用电子商务的影响因素[25]。Fritz 等认为，电子商务可以为农业供应网络的纵向协调过程提供支持和改善空间，但企业间采用电子商务需要建立信任和信心来促进企业做出交易方式的转变[26]。Dello 等在研究了消费品（包括农产品）流通企业如何在零售供应链中应用电子商务的问题后，提出了一个包括评估企业内外部环境、设定物流目标进行物流决策、制定供应链战略的三阶段决策框架[27]。Zapata 等研究了农业企业接入电子商务平台意愿的影响因素，其基于 MarketMaker 的案例研究表明，这些影响因素包括注册类型、注册时间、接入平台的时长、使用者类型、成交数量、企业年销售额[28]。Jiong 等从交易、信息、谈判、物流和促销五个方面研究了四川省农产品企业电子商务应用决策问题，发现具有国际视野的大公司更倾向于应用电子商务，并认为规模经济、网络覆盖的市场范围、资源的易获取性是影响企业电子商务应用决策的关键因素[29]。

对农户而言，由于农业生产的季节性与生产的连续性，使其无法在一个生产周期之中通过控制来达到扩大或压缩生产规模的目的，因此，在信息不充分、传递效率低的条件下，根据当期行情安排下期生产的品种和数量面临着很大的风险。在农户采纳研究方面，采用计量经济学模型探寻影响农村人口采纳电子商务的影响因素，发现年轻群体更愿意通过电子商务销售产品，有过一次网络购物体验的群体更愿意接受农产品电子商务[30]。

消费者满意度是影响农产品电子商务的重要因素。Mckinney 等（2002）认为生鲜农产品电子商务若要获得长期发展必须很好地理解影响顾客满意的诸多因素[31]。Ernst 等以大学消费者群体为样本，实证测度了消费者网购农产品决策的影响因素及其重要程度。其研究结果表明，消费者认为最重要的影响因素是农产品质量的不确定性，其次是网购便利性，再次是农产品价格及其他因素[32]。针对电子商务发展的障碍因素的研究主要集中在参与主体、文化、技术以及基础设施方面。竞争行为降低了退出成本，垄断结构形成了重复交易，这使得消费者的"呼吁"与"退出"对生鲜电商发展具有较大影响[33]。不同于农贸市场近乎完全竞争的市场结构以及超市近乎寡头垄断的市场结构，生鲜电商属于单寡头竞争性垄断市场结构，即生鲜电商在细分市场形成单寡头垄断结构，但在整体市场产生完全竞争行为[34]。此外，农产品电子商务网络评价的成本低、传播快、范围广、影响大等特点，使得消费者的"呼吁"真正得到渠道重视。更为重要的是，评价路径可以被精确地追踪，比传统营销活动有更长的延续性并能产生更高的响应度[35]。Wang 等提出了一个动态折现模型，用以测算生鲜农产品线上交易系统的最优投资时间，在既定的模型假设下，最优投资时间由消费者在实体店与网店之间的转换率与城市化率决定[36]。

农产品电子商务发展需要通信信息技术支撑。Mikalef 和 Patelia（2017）也提出了相似的观点，即在更具动态性的环境下，与信息技术能力相关的资源会变得更有价值[37]。在学术研究方面，电子商务影响企业的边界和组织的经济行为研究是基于 Coase 提出的交易成本理论[38]，目前已经从宏观领域渗透到微观领域。例如，Malone[39]等人的支持者与 Holland 和 Lockett[40]针对通信信息技术使供应链中供应商数目增加还是减少展开激烈辩论，双方都有相应的实例支持。按照 Morita 和 Nakahara[41]的观点，以现代通信信息技术为代表的电子商务平台对于企业的结构影响可能具有两面性。一方面，对于初级产品的获取，它加强了供应链中组织之间的整合，密切了买卖双方的关系；另一方面，随着初级产品被加工成制成品而丧失它的易腐特性。电子商务平台使制造商拥有数目庞大的供应商，拥有了以较低的成本获取价格信息的成本特征。

政策是对电子商务发展最关键的支持因素[42]。世界各国的电子商务都在迅速发展，韩国政府在本国的电子商务发展中扮演了重要的促进者角色，马来西亚政府也积极鼓励中小企业采纳电子商务，澳大利亚政府则提供了多种形式的支持[43]。Rothwe 等认为，政策工具是引导产业发展的有效手段，由一系列的政策体系构成，在新兴产业发展过程中发挥着重要作用[44]。电子商务摆脱了传统商业模式在时间和空间上的限制，为偏远落后地区农产品销售提供了一条极佳的途径，也为区域经济发展提供了新的动力[45]。农产品电商发展政策从某种角度来说，可以看作被决策者和农产品电商从业者利用的、可以用来实现宏观发展目标和个体发展目标的工具和手段[46]。

2.2.1.4 关于农产品电子商务发展的模式研究

在国外，生鲜农产品电商的模式主要有纯电商平台模式、C2B 模式、O2O 模式和"B2C＋O2O"混合模式、C2B2B 模式和 C2B2F 模式；Wheatley 等（2001）将农业电子商务模式具体分为内容提供者、农业企业与农民、农业企业与农业企业、商品期货和衍生品市场四类[47]。Ng 对澳大利亚农业企业 B2B 电子商务模式类型进行了案例研究，构建了一个包括商家模式、制造商模式、买方模式、经纪人模式四种 B2B 电子商务模式[48]。

2.2.1.5 关于农产品电子商务发展的作用研究

农产品电子商务采纳的相关研究主要集中于宏观层面分析，学者们着重强调了开展农产品电子商务的重要性[49-51]，充分认可农产品电子商务的广阔发展前景[52]。农业电子商务的发展，可以促进信息流动，方便产业协调，提高市场透明度，实现价格发现[53]。Wilson（2001）认为将电子商务用于农产品市场，有利于在更加广阔的空间上整合农产品市场，减少农产品流通环节和降低农产品交易成本，以及提升农产品价格的透明度，从而提高农产品生产者的利润[54]。

2.2.1.6　关于农产品电子商务发展的对策研究

国外学者关于农产品电子商务发展的主要对策是强调政府支持农产品电子商务发展，比如：F. Islam 等（2016）认为为了支持低收入农村人口，政府要为扩大和发展农村基础设施提供资金，实施适当的减少贫困和改善生活的发展战略农村标准[55]。

2.2.2　国内研究动态

2.2.2.1　关于农产品电子商务发展水平的研究

国内学者主要针对全国、区域、省份、企业绩效、电商平台等发展水平展开了较为广泛研究。

针对全国、区域、省份农产品电子商务发展水平进行测度研究。何小洲、刘丹（2018）运用 DEA—BC2 模型和 Malmquist 指数对我国 31 个省的面板数据进行分析，得到了与以往不同的指标测量结果：西部地区全要素生产率最高，东部次之，中部最差；西部地区在投入电子商务环境、完成基础设施建设的前提下，获得了更大的效率增长率。在此基础上，建议改善全国农产品流通效率需要，制定全国性战略规划，着力发展现代网络科技，用科技创新缩短东中西部的差距[56]。刘阳、修长柏（2019）使用数据包络分析法对全国及内蒙古自治区农产品电子商务技术效率进行分析，结果显示：①全国范围内，农产品电子商务投入产出尚未形成规模效应；②内蒙古自治区农产品电子商务技术效率呈现出规模效应递增趋势[57]。年志远、李宁、鲁竞夫等（2019）基于阿里巴巴电商平台数据，使用数据包络分析法，对华北地区农产品电子商务发展效率进行了分析，结果显示：河北省产业结构偏向于重工业，与农产品电子商务发展需要的加工工业存在错配，导致行业发展相对滞后；京津冀地区有两个城市未出现冗余。山西省有 4 个城市未出现冗余，而城市数量最少的内蒙古则有 6 个城市未出现冗余。农产品电子商务作为新兴产业，其发展已不再由廉价劳动力驱动，更多的表现为技术与智力驱动型[58]。

针对企业采纳农产品电子商务绩效进行测度研究。田刚、张蒙、李治文等

（2018）运用改进的基于非径向、非角度的超效率 DEA 方法（Super－SBM 模型）测度了生鲜农产品电商企业技术效率，并基于技术—组织—环境（TOE）分析框架提炼技术效率的影响因素，再采用 Tobit 模型进行实证分析。结果表明：生鲜电商企业的技术效率很低，存在很大的改进空间；大多数企业在投入要素上存在较大浪费，在产出方面也存在严重不足，普遍盈利困难；IT 人才占比、与合作伙伴的关系以及物流设施水平对技术效率有正向影响，信息化水平和竞争程度对技术效率有负向影响，企业规模和产品多样性对技术效率的影响不显著[59]。田刚、张义、张蒙和马国建等（2018）采用层次回归方法结合事后分析法实证研究了生鲜农产品电子商务模式创新对企业绩效的影响，并考察了环境动态性和线上线下融合性的调节效应。研究发现：效率型生鲜电商模式创新和新颖型生鲜电商模式创新对企业绩效都存在正向影响；环境动态型、正向调节效率型生鲜电商模式创新对企业绩效的影响，负向调节新颖型生鲜电商模式创新对企业绩效的影响，线上线下融合型在效率型和新颖型生鲜电商模式创新对企业绩效的影响中都存在正向调节作用；环境动态型与线上线下融合型在新颖型生鲜电商模式创新对企业绩效的影响中具有显著的联合调节效应。研究结论对中国企业实施生鲜电商模式创新及提升企业绩效具有指导意义[60]。

针对对农产品电商平台进行评价研究。针对全国、区域、省份、企业绩效、电商平台等发展水平进行研究。雒翠萍、李广和聂志刚等（2019）以甘肃巨龙公司自建"聚农网"和"沙地绿产"电商平台为研究对象，通过对相关文献、调查问卷及运营情况实例的系统梳理和分析，构建基于层次分析法的涉农企业自建农产品电商平台运营模式层次结构评价模型，开展运营模式测评与分析。结果表明：物流发展程度、交易信用环境、电商服务平台完善程度等因素对该模式的发展影响较为显著[61]。

2.2.2.2 关于农产品供应链的相关研究

易法敏认为农产品供应链网络化集成的结果是，新的农产品流通模式将出现：与其他流通领域相仿，农产品流通也会形成网上、网下两个并存的市场，联结这两个市场的枢纽就是农产品电子商务平台；网络化集成化的供应链作为价值链集合体，使资源和信息实行共享，整体资源得到优化，并通过实现成员间的连接和与目标终端用户之间的连接，促使各成员共同创建新的利润空间[62]。农产品电商与物流的协同程度低[63]，生鲜农产品电子商务发展依然面临着冷链物流短板问题，生鲜电商供应链的脆弱性和高成本状况还没有发生根本性改变，基层建设推进速度相对缓慢[64]。绿色农产品供应链具有不均衡的市场，在西方发达国家，农场作为独立运作的农业企业，规模化经营，技术手段先进，并且经常享受政府给予的补贴，从而抵消在供应链上处于的弱势地位。而我国的绿色农产品的生产体系基本上是以小农家庭经营为基础、人均资源自有量偏低，大多数绿色农产品由分散的农户进行生产，相对于供应链上的其他市场主体，市场力量非常薄弱，因此获得的利润非常微薄，绝大多数利润被中间商得到[65]。针对这些问题，学者们提出了一些解决方案，比如：易法敏、夏炯（2007）认为，在农业领域，由于技术基础、人员素质、企业现状和领导者观念等的差异，农产品供应链先集成和优化、再实现协同应该是更现实的选择[66]。刘睿智、赵守香和张铎（2019）认为，在生鲜农产品物流过程中，冷链供应链管理系统的应用可以提高资源利用率，减少损耗，降低物流成本；实时监控生鲜农产品，便于追溯和召回，保证质量安全；提高信息化管理水平和客户服务水平[67]。盛革（2010）在引入价值网和协同商务理论框架下，初步提出一个优化的农产品新型流通服务体系，即以虚拟批发市场为核心、有形批发市场为辅助、多种流通服务组织协同运作的服务体系[68]。汪旭晖、张其林通过案例研究发现电子商务破解生鲜农产品流通困局的内在机理：基于用户规模的盈利模式有利于确保生鲜农产品稳定低价；定价权的丧失有利于降低生鲜农产品损耗；信息共享与"锁定效应"有利于确保生鲜农产品质量安全；依托有效信息流的流通模式有利于确保生鲜农产品稳定供应[69]。

2.2.2.3　关于农产品电子商务发展的影响因素研究

（1）关于消费者购买意愿的相关研究

周安宁等（2014）研究了消费者对农产品溢价支付意愿的影响因素，认为农产品"地域"属性和"地理标志保护"标签能够提高消费者的溢价支付意愿[70]。梁文卓等（2012）以淘宝网农产品销售为例考察消费者网购农产品的特点，发现储存环境要求较低、消费时效较长、物流包装无特殊技术要求、消费风险较低的农产品将成为网络销售的主体[71]。林家宝等（2015）对消费者信任生鲜农产品电子商务影响因素的实证研究表明，水果质量、感知价值、物流服务质量、网站设计质量、沟通和信任倾向等因素对消费者信任的影响作用显著[72]。吴自强（2015）通过问卷调查发现，产品种类认知、品牌认知、食品安全与健康支付意愿等因素对消费者生鲜农产品的网购意愿有显著的正向影响，而挑选知识认知、网购生鲜支付意愿、物流信息及时性、退换货服务等因素则无显著影响[73]。刘春明（2019）在绿色农产品电商平台信息采纳行为理论研究基础上，构建信息采纳行为理论模型并通过实证检验绿色农产品电商平台信息采纳行为影响因素的作用关系。研究结果表明：信息感知有用性、信息人满意度、平台环境安全性、平台信息技术对电商平台中绿色农产品消费者信息采纳意愿产生正向影响。而信息采纳意向对信息采纳行为产生正向影响，其中信息采纳意愿是信息采纳行为的中介变量[74]。李连英、聂乐玲和傅青（2020）基于 578 位南昌市消费者调查数据，通过构建聚类分析模型和二元Logistics 回归模型，探究南昌市消费者社区电商生鲜农产品购买意愿及其影响因素的差异性。结果表明：消费者大致可分为倾向型消费者、中间型消费者和无感型消费者 3 个类群，且在个体特征、家庭特征及社区电商生鲜农产品购买意愿方面存在显著差异。此外，影响 3 类群消费者社区电商生鲜农产品购买意愿的因素也不相同：月收入、了解程度、绩效期望、努力期望、社会影响和促进因素对倾向型消费者购买意愿影响显著；职业、绩效期望、社会影响和促进因素对中间型消费者购买意愿影响显著；绩效期望、努力期望和促进因素对无感型消费者购买意愿影响显著[75]。

（2）关于农户采纳行为的相关研究

国内学者对农户采纳农产品电子商务的动力因素开展深入研究。高恺、盛宇华（2018）基于计划行为理论和技术接受模型，对区域性农产品电商平台使用意向影响因素进行问卷调查和统计分析发现，态度、主观规范、感知行为控制正向影响个体对区域性农产品电商平台的使用意向；感知风险、感知易用性、感知有用性通过影响使用态度间接影响个体使用意向[76]。罗昊、赵袁军、余红心等（2019）基于广东省 4 地 14 个乡镇的调查，通过构建二元 Logistic模型和 OrderedProbit 模型，试图从理论和数据层面研究影响农民参与电商营销行为的因素。研究发现：在认知和态度方面，对电商政策的了解程度越高，参与电商营销的第一目的以经济因素为主的农民越倾向于参与电商营销；在个体特征方面，受教育程度对农民参与意愿具有显著影响，并呈现以"青年创业、村干部政策引导"为主的核心人群；在资源禀赋方面，种地规模越大，主要收入来源以农业为主的农户表现出越强烈的参与意愿；在社会支持条件方面，参与电商营销的农民往往受到政策支持、本地是否成立协会或合作社和本地经济能人的显著影响。而年龄对农民参与意愿呈现负向相关，在农业劳动力充足的情况下，中老年农民只有具有较高层次的生活需求，参与意愿才会随之提升[77]。郭锦墉、肖剑、汪兴东（2019）基于拓展的技术接受模型，以江西省 192 个农户为研究样本，实证分析农户农产品电子商务采纳行为意向的影响因素。结果表明：经过拓展的技术接受模型适用于农户的农产品电商采纳行为意向研究，其中感知有用性、感知易用性、主观规范、网络外部性都显著正向影响农户对农产品电商的采纳意向，感知风险则显著负向影响农户的采纳意向[78]。吕丹、张俊飚（2020）整合 TRA、TTF 和 TOE 框架等技术采纳理论模型，构建了新型农业经营主体农产品电子商务采纳的影响因素模型。通过调查问卷采集湖北省 589 家新型农业经营主体的样本数据，运用结构方程模型对研究假说进行检验，同时建立多群组结构方程模型对不同类型的新型农业经营主体农产品电子商务采纳的影响因素进行对比分析。结果表明：人力资源、物流条件、资金充裕度以及政策扶持是影响新型农业经营主体农产品电子商务采纳的最重要因素。其中，人力资源和政策扶持是家庭农场和专业大户农产品电子商务采纳的关键影响因素，农民专业合作社受效果易察和资金充裕度的影响较大[79]。闫贝贝、刘天军、孙晓琳（2022）基于陕西省苹果种植户的微观调查数据，在测度农户社会学习、电商认知和政府支持的基础上，运用 IV - Heckman 模型、中介效应模型和调节效应模型，检验社会学习对农户农产品电商采纳的影响效应。结果表明：社会学习对农户农产品电商采纳具有显著正向影响，社会学习水平的提高能推动农户做出采纳决策，并深化其采纳程度；电商认知在社会学习影响农户农产品电商采纳关系中具有部分中介作用，即社会学习通过提升农户电商认知水平对其采纳决策和采纳程度产生积极影响；政府支持在社会学习影响农户农产品电商采纳关系中具有正向调节作用，在政府支持水平较高的环境下，社会学习对农户农产品电商采纳决策和采纳程度的正向影响得到加强[80]。此外。廖杉杉、邱新国（2018）为研究作为新型劳动者群体的农产品电商的就业质量，以 2 131 份有效调查问卷数据为例，从就业水平、就业能力、就业保护、就业服务等 4 个维度出发，同时采用最小二乘法（OLS）和 OrderedProbit 模型来进行实证分析。结果显示，在全样本视角下，无论被解释变量取就业水平、就业能力，还是取就业保护、就业服务，农产品电商就业质量均会受到农产品电商自身、农产品电商家庭以及农产品电商所在区域经济社会发展环境等因素的影响[81]。

（3）关于企业采纳行为的相关研究

国内学者对企业采纳农产品电子商务多从信息获取、潜在收益、竞争压力等方面开展研究。易法敏（2009）对广东省广州市、深圳市等 4 个地市农业企业电子商务应用行为的影响因素进行实证检验，结果发现，潜在收益、行业竞争、信息获得的便利性、服务的便捷性以及交易的安全性对于电子商务应用影响的程度和方向各有不同[82]。林家宝、胡倩（2017）从技术创新扩散的视角，基于 TOE 框架，构建一个两阶段企业农产品电子商务扩散模型，分析技术因素、组织因素和环境因素对农产品电子商务采纳和常规化的影响机理，实证结果发现：竞争压力、物流能力和相对优势对农产品电子商务采纳和常规化都有显著的正向影响；复杂性对农产品电子商务采纳没有显著的影响，而对农产品电子商务常规化有显著的负向影响；技术基础和监管环境对农产品电子商务采纳有显著的正向影响，而对农产品电子商务常规化没有显著的影响；农产品电子商务采纳对于农产品电子商务常规化的形成具有部分中介效应[83]。林家宝、罗志梅、李婷（2019）基于制度理论视角，从企业层面构建了一个农产品电子商务采纳的影响因素模型，分析制度压力对农产品经营企业采纳电子商务的影响机理。实证结果表明，模仿性压力、强制性压力和规范性压力对感知收益具有不同程度的积极影响；规范性压力对感知阻碍有显著的消极影响，而模仿性压力和强制性压力对感知阻碍没有显著的影响；感知收益对农产品电子商务采纳有显著的积极影响，而感知阻碍对农产品电子商务采纳没有显著的影响；感知收益对 3 种制度压力和农产品电子商务采纳之间的关系起了部分中介作用[84]。

针对采纳农产品电子商务的企业绩效进行研究。李蕾、林家宝（2019）基于资源基础理论，从市场响应敏捷性和运作调整敏捷性的视角，开发了农产品电子商务技术能力、农产品电子商务管理能力和农产品电子商务人才能力对企业财务绩效的作用模型，探讨了农产品电子商务能力三个维度对企业财务绩效影响的内在机理。研究发现：组织敏捷性在农产品电子商务能力对企业财务绩效影响关系中发挥了重要的中介作用。农产品电子商务的人才能力、技术能力和管理能力积极影响组织敏捷性，其中人才能力的作用最大；组织敏捷性进一步对企业财务绩效有显著的正向影响[85]。

（4）关于农产品品牌培育的相关研究

鲁钊阳（2018）以我国东、中、西部 15 个省级单位的 2 131 份有效问卷为例，实证品牌培育对农产品电商发展的影响。全样本数据实证结果表明，无论被解释变量取农产品电商发展的偿债能力、营运能力，还是取农产品电商发展的盈利能力，品牌培育对农产品电商发展具有显著的促进作用；消除内生性后，品牌培育对农产品电商发展的促进作用进一步加强。分样本数据实证结果并未能完全支持全样本视角下的研究结论，品牌培育对不同地区、不同户籍和不同民族农产品电商发展的影响存在质的区别，品牌培育对农产品电商发展的促进作用具有显著的异质性。品牌培育能否影响农产品电商的发展，还会受到农产品电商自身、农产品电商家庭以及农产品电商所在地区经济社会发展状况的影响[86]。鲁钊阳（2018）以我国东部、中部、西部 15 个省级单位的 2 131 份有效调查问卷为例，同时采用最小二乘法（OLS）和 OrderedProbit 模型实证农产品地理标志在农产品电商中的增收脱贫效应。全样本数据的回归结果表明，农产品地理标志在农产品电商中具有显著的增收脱贫效应；而在消除内生性后，前者对后者的影响效应进一步增强。分样本数据的回归结果表明，农产品地理标志对不同地区、不同户籍和不同民族农产品电商发挥增收脱贫效应的影响具有异质性，且这种异质性并不随被解释变量的不同而变化。全样本数据和分样本数据回归结果还表明，农产品地理标志在农产品电商中发挥了增收脱贫效应，并受到包括农产品电商个人、农产品电商家庭以及农产品电商所在区域等其他相关因素的影响[87]。

（5）关于农产品物流的相关研究

国内学者从农产品物流模式、效率、服务创新等方面开展研究。夏文汇（2003）认为电子商务平台下农产品物流有效运作模式是从厂家到供应商、供应商到专业物流平台、从专业物流平台（或电子商务平台）到顾客[88]。向敏、袁嘉彬、于洁（2015）认为，在电子商务环境下，鲜活农产品物流配送路径优化问题是电子商务企业在发展过程中需要解决的主要问题，鲜活农产品物流的效率直接影响到农产品的流通，同时也影响了电子商务企业的竞争能力[89]。马晨、王东阳（2019）分析我国农产品流通的发展现状、模式和瓶颈，目前我国农产品流通不仅存在着进出壁垒高、流通效率低、技术水平落后等内在动力方面的问题，还受到信息技术高速发展、消费者个性化需求不断提高等外在动力的影响[90]。刘刚（2017）认为尽管生鲜电商发展迅速，但很多电商企业却无法克服企业盈利困难和为顾客提供满意的消费体验的物流难题，而物流创新是提升生鲜电商物流服务质量，为顾客创造价值的重要驱动力。生鲜电商的物流服务创新包括物流技术创新、物流理念创新、物流组织创新和物流服务界面创新四种模式。物流服务创新可以降低生鲜电商的物流成本、提高物流服务质量、提供新的物流服务产品，通过为顾客提供优质的物流服务改进消费体验、贡献于顾客价值增值[91]。

（6）关于农产品电商扶持政策及外部环境的相关研究

侯振兴、闾燕（2017）认为政策支持是农产品电子商务获得成功的重要促进因素。采用内容分析法，从政策工具和农产品电商生态系统维度对57份中央和甘肃省出台的农产品电商发展政策进行分析发现，区域农产品电商发展的政策体系已经形成，既涵盖了供给侧、环境面和需求侧等政策工具的各个方面，也涉及了农产品电商生态系统的各个群体，但是存在政策工具应用缺失和不足、相关政策配套措施有待加强完善、系统性行政推进体系缺乏等问题。应着力健全与完善甘肃省农产品电子商务发展政策，建立促进农产品电子商务发展的行政推进体系，调整完善结构和优化政策工具，加大政策扶持和引导力度，降低政策实施门槛，积极落实各项政策，优化完善政策体系[92]。鲁钊阳（2018）发现政府扶持农产品电商发展政策的有效性，还会受到诸如农产品电商自身、农产品电商家庭以及农产品电商所在区域经济社会发展环境的制约和影响。无论是从区域层面看，还是从户籍层面看，虽然政府扶持农产品电商发展政策有效性都值得高度肯定，但不同政策在区域和户籍之间具有明显的异质性，且这种异质性不随被解释变量的变化而变化[93]。此外，田刚、张义、张蒙等（2018）认为环境动态性一定程度上反映了企业面临的风险程度。企业对竞争对手的反应以及企业与合作伙伴的关系都会受外部事件的影响。环境动态性较高时，快速变化的环境使得企业难以把握市场机遇。因此，企业会注重在不同渠道开展合作，追求优势互补，从而促使线上线下渠道融合程度的加深，进而提升绩效。动态竞争条件下，由于资源和能力有限，企业通过"事前决策"制定前瞻性的竞争战略极为困难，企业更倾向追随型战略而非冒进、领先型的战略。因而，面对快速变化的环境，企业会更倾向于利用以信息共享为特征的效率型模式来规避风险，而不是冒险开拓新颖的交易模式[94]。

（7）关于跨境农产品电子商务影响因素的相关研究

国内学者对跨境农产品电子商务也有涉及，主要就影响因素及平台开展研究。鲁钊阳（2018）以447份有效调查问卷数据为例，采用最小二乘法（OLS）从全样本和分样本两个视角实证分析跨境农产品电商发展的影响因素。全样本视角下的结果显示：无论被解释变量取跨境农产品电商的偿债能力、营运能力，还是取跨境农产品电商的盈利能力，跨境农产品电商经营主体自身、跨境农产品电商所在区域经济社会发展状况以及国家对跨境农产品电商支持政策等均会显著地影响跨境农产品电商的发展。进一步来讲，现在或者是曾经拥有婚姻关系、文化程度高和具有宗教信仰等特征的青壮年男性电商经营主体，在从事跨境农产品电商方面更具优势；与一般地区相比，农业基础设施健全、农业技术培训完善、名优特产推介发达、出国务工人数多以及大学生村官素质高的地区，其跨境农产品电商发展更具优势；当然，良好的国际宏观经济环境、稳定的国际宏观政治环境、可靠的国际物流服务网络、快捷的国家报关报检政策以及平稳的国际汇率波动，是确保跨境农产品电商健康稳定可持续发展的关键[95]。陈祖武、杨江帆（2017）认为农产品出口不仅在中国出口贸易中占有重要地位，而且关乎中国农民的切身利益。然而，自"入世"以来，中国农产品出口优势相对减弱，贸易逆差逐年扩大。究其原因，除出口市场的市场性、技术性和绿色低碳等贸易壁垒增多外，中国农产品生产的科技含量不高、生产效率低下、物流配送落后及市场信息掌握不充分等原因造成的出口成本高昂是根本原因。鉴于此，应针对中国农产品出口成本高昂的现状，认清跨境电商平台在降低农产品出口成本中的作用及农产品出口企业在应用跨境电商平台中存在的问题，并探索出以跨境电商平台降低农产品出口成本的路径[96]。鲁钊阳、廖杉杉、李瑞琴（2021）以 447 份微观调查数据为例，同时采用最小二乘法（OLS）和 Ordered Probit 模型进行实证。结果发现：即便消除内生性问题，与自建的电商平台相比，租借的电商平台更能够促进跨境农产品电商的发展；与政府的电商平台相比，企业的电商平台更能够促进跨境农产品电商的发展。不仅如此，电商平台的选择对不同地区、不同户籍、不同品牌和不同生命周期跨境农产品电商发展的影响存在异质性。电商自身、电商家庭自身、电商所在地区自身以及宏观层面国际环境等均会影响跨境农产品电商的发展[97]。

2.2.2.4　关于农产品电子商务发展的模式研究

农村电子商务模式的类型及其特征

在国内，孙百鸣、王春平（2009）研究了黑龙江省农产品电子商务应用的主要模式：BtoB、BtoC 模式、BtoB＋C 模式，即政府商务信息服务模式。BtoB 模式，即涉农企业间的电子商务模式；BtoC 模式，即涉农企业对消费者的电子商务模式；BtoB＋C 模式，即涉农企业对企业与消费者的电子商务模式；第三方交易市场模式，该模式是由农产品中介机构建立的电子交易市场，它主要服务于那些打算把网络营销交给第三方的农产品企业和农户。影响农产品电子商务模式选择的主要因素包括交易主体、交易对象、交易平台、交易环境[98]。冯亚伟（2016）在全国供销社综合改革的背景下分析农产品电子商务的特点和发展农产品电子商务的制约因素，发现农产品电子商务无法依靠农民自身获得快速发展。因此，建立一种以政府为主导，以供销合作社为主体，以农民合作社为主要参与群体的新型农村电子商务模式，可以有效解决农产品流通难问题[99]。吴卫群、李志新（2017）通过大量文献资料查询和生鲜农产品电商平台搜索与访问，对当前生鲜农产品电商模式进行归纳总结，发现当前中国生鲜农产品电商模式有综合平台模式（POP 模式）、垂直细分模式（B2C 模式）、线下超市电商模式（S2C 模式）、产地直销/产业链型模式（F2C 模式）、5－C2C 模式、社区 O2O 模式[100]。张禹、魏振锋（2018）研究电商销售模式下农产品在安全控制方面存在的主要问题，并有针对性地提出相应的解决措施。通过归纳相关资料，分析现存问题，以问题为导向来探究电商销售模式下农产品安全控制的具体方法。可以从完善物流系统，限制电商平台准入，健全相关法律法规以及加强政府监督等各个方面入手，有助于确保电商销售模式下农产品的安全。电商销售模式下农产品在安全控制方面依然存在很多问题，直接关系到公众健康和安全，因此应当从法律法规、监督治理以及系统完善等方面做出努力[101]。唐红涛、郭凯歌（2020）运用关系契约分析框架，比较了农产品电商渠道中"农户＋电商市场""农户＋采购商""农户＋电商企业"和"农户＋政府委托采购商"四种典型模式的生产效率，并分析了最优效率的形成条件。结果表明：①由于契约的不完全性、市场竞争程度高等因素，"农户＋电商市场"模式缺乏信息优势、平台优势和技术优势，无法达到最优生产效率；②"农户＋采购商""农户＋电商企业"和"农户＋政府委托采购商"三种模式下，契约价格波动越接近市场价格波动，贴现率越可以达到足够小，可以更接近最优生产效率；③农户在契约关系中的谈判力以及签订契约的机会成本会影响农产品电商模式的生产效率，且与生产效率成正相关的关系[102]。纪良纲、王佳淏（2020）结合我国生鲜农产品流通电商发展现状，对现有的三种生鲜电商模式进行分析比较，对比分析不同种类的生鲜电商模式的优势和劣势，并运用系统动力学理论和 Vensim 模型对其中两种市场占有度较高的模式进行仿真模拟。结果表明，相对于 B2C 模式，O2O 模式下的生鲜电商利润更高，总成本更低。运用系统动力学的仿真模拟分析，通过对比生鲜电商总成本和生鲜电商利润这两个方面可知，O2O 模式比 B2C 模式的生鲜电商利润更高，因此 O2O 模式更有利于市场发展，但是 B2C 模式同样也是不可或缺的，这样才能保持市场的多样性和消费者选择的随意性。通过 SD 模型我们可以得出如下结论：制约生鲜电商利润的主要因素是成本投入，这就意味着生鲜电商利润上升，需要加大农产品及供应链成本投入，前期随着生鲜电商的成本投入逐渐增加，生鲜电商的利润也在不断增加；后期随着成本不断地增加，利润是逐渐增加并保持平稳上升的趋势[103]。霍红、贾雪莲、徐玲玲（2020）针对由单一农户与电商构成的农产品供应链，考虑到农户资金受约束的情况下，可以选择电商融资模式，电商的收购价格降低、销售努力提高；电商融资模式下，随着电商贷款利率提高，农户的生产投入量下降，电商的销售努力下降、农产品收购价格提高；此时，电商提供的贷款利率在一定范围内时，可以实现电商和农户的共赢[104]。

也有学者对农产品电子商务扶贫模式进行研究。昝梦莹等（2020）发现，随着"互联网＋"时代的到来，电商扶贫成为脱贫攻坚的重要手段，而农产品电商直播作为电商扶贫的一种新模式，在帮助农民增收、助力贫困户脱贫方面取得了显著的经济效益和社会效益。农产品电商直播具有参与主体范围广、准入门槛低、简单易学等特点，可有效提高农产品销售额，激活当地经济发展活力，具有其他扶贫方式不可比拟的优势，其发展潜力巨大[105]。魏秀芬、张淑荣和张大光（2021）发现采取收购农产品、利用资源优势发展特色产业、消费扶贫、下沉一线等做法，结合"农产品电商企业＋贫困农户""农产品电商企业＋合作社＋贫困农户""农产品电商企业＋龙头企业＋贫困农户""农产品电商企业＋合作社＋基地＋贫困农户"等模式，使扶贫取得显著成效[106]。

也有学者对农产品电商不同融资方式选择的影响因素进行研究。鲁钊阳、廖杉杉（2016）基于 2 131 份有效调查问卷数据，运用有序 Probit 模型对农产品电商不同融资方式选择的影响因素研究发现：农产品电商选择从 P2P 等非正规金融机构融资，还是从农村信用社等正规金融机构融资，都与农产品电商的户主禀赋变量、家庭特征变量及区域特征变量紧密相关[107]。现有的大部分电商平台是 B2C，变革了农产品流通的方式，但没有得到消费者认可，大多亏损经营。批发市场是我国农产品流通的重要环节，也是农产品销售的主要渠道[108]。

2.2.2.5　关于农产品电子商务发展的作用研究

国内学者研究发现农产品电子商务的作用主要包括：促进了区域农产品电

子商务发展，促进了农业产业兴旺，改变了农产品传统的交易方式，有助于物流配送效率提升、促进了农业产业结构转型，实现了精准扶贫等。促进了区域农产品电子商务发展。比如：张新洁（2018）发现经过不断发展实践，云南民族特色农产品电子商务发展取得了一系列成效，农产品电子商务平台建设有实质性进展、企业电商意识不断增强、政府不断加大农业电商政策支持力度、淘宝网"特色云南馆"上线并投入运营[109]。

针对农产品电子商务对农业的作用，学者们从借力视角做了一系列研究。朱君璇[110]（2008）、杨静等[111]（2008）、卫明等[112]（2011）、成晨等[113]（2016）发现发展农业电子商务是促进农业现代化进程的重要手段，可以促进农业生产方式转变，建设现代农业产业体系，促进农业生产持续、健康发展。林家宝、李婷、鲁耀斌认为（2018）农产品电子商务是拓展农产品销售渠道、促进农业产业兴旺的重要力量[114]。

农产品电商改变了农产品传统的交易方式，拓展了需求空间，降低了农产品进出口贸易成本，对农产品进出口贸易扩大有一定的促进作用。陈卫洪、王莹、王晓伟（2019）以我国1999—2017年的统计数据对农产品网络零售交易总额、冷链物流市场规模和主要农产品进出口额之间的关系建立计量模型并展开协整分析，研究发现农产品电商的发展对农产品进出口贸易扩大有促进作用，但不是对所有的农产品都有作用。农产品电商的发展和大豆出口额、水果出口额、食用植物油的进口额不存在长期的均衡关系。因此，他们建议完善农产品电商体系，结合农产品的特征提高农产品进出口贸易国际竞争力，促进国民经济增长[115]。凌宁波、朱凤荣（2006）发现农产品电子商务促进了淡水产品生产者与信息网络平台实现了无缝衔接。按生产规模分为大户和散户，大户通过自己专门的产品网站，散户则通过其成立的中介经纪组织与供应链信息网络平台相连，整个淡水产品的生产、加工、批发零售环节通过信息网络平台实现了无缝衔接，同时也可以实现网上拍卖等先进的交易方式[116]。

有学者认为农产品电子商务有助于物流配送效率提升。李晓（2018）认为生鲜农产品电商配送管理有大量的数据信息产生，通过大数据分析，可以更为有效地监管、调度配送车辆，提高车辆利用率和产品安全性。同时，有助于更加优化车辆配送路线，降低配送成本，更好满足时效性要求。再者，也有助于精准研判客户行为，实现精准配送。此外，通过大数据分析有助于实现配送服务的智能定价和精细化成本管理，提高运营效益[117]。

从农业产业结构转型看，杨洋等（2012）以四川地震灾区农村服务业为研究对象，发现电子商务促进了以区域特色农产业基地带动配套的服务业集群发展[118]。戴盼倩、姚冠新、徐静（2019）基于我国 2010—2016 年的省际面板数据对假设进行实证检验。对比静态与动态面板数据模型回归结果表明：农产品电商对农业转型升级存在显著的倒逼效应，农业转型升级是一个连续的动态的调整过程，当前主导我国农业发展的要素禀赋结构在变迁，农产品电商、技术进步、人力资本与经营规模对农业转型升级的绩效显著，而政府投资与自然禀赋的影响在减弱[119]。

关于农产品电商精准扶贫作用，颜强、王国丽、陈加友（2018）结合贵州地方实践，分析了电商精准扶贫的主要路径即增收扶贫、节支扶贫、提能扶贫，并构建了政府主导型、第三方组织参与型、贫困户主动参与型的电商精准扶贫模式[120]。宫钰、郭智芳、章文光（2020）认为电商扶贫是脱贫攻坚的重要举措，电商扶贫农产品销售额屡创新高，对扶贫农产品的食品安全监管亟须重视。在脱贫攻坚背景下，贫困地区基层政府克服基础设施与公共服务相对落后的困难，创造性地采取促进型模式对扶贫农产品进行监管，呈现出监管动机一致性、监管工具平台化、监管过程互相促进的特征[121]。

2.2.2.6　关于农产品电子商务发展的对策研究

关于农产品电子商务的对策研究国内学者主要从政府层面提出建议。关海玲、陈建成、钱一武（2010）认为政府应积极引导发展农产品电子商务，并为之创造良好的发展环境；加强信息化基础设施建设，完善农产品信息系统；引导农产品企业和农户因地制宜地开展电子商务活动，选择适当的业务模式[122]。同时，构建公益性农产品电子商务批发市场[123]，促进农产品批发市场信息化智能化的发展，实现农业供给侧结构性改革，促进农产品的品牌化以及农民的增收[124]。

孙炜、万筱宁、孙林岩（2004）认为电子商务作为推进和实现农产品流通模式高级化和成熟化的重要手段，可以通过非中介化、再中介化、信息中介和垂直门户等方式简化原有供应链的复杂结构，更好地进行农产品价值创造与转移，并最终通过价值系统整合形成动态的价值网结构，高效、流畅地实现农产品的价值增值[125]。郝国强（2019）针对农产品电商发展提出了三条对策和建议：发挥农村精英的力量，先富带动后富；依托乡村振兴战略，推动农村电商发展；积极引导社会认知，发现农产品的文化意义[126]。冷霄汉、戴安然（2019）围绕提升电商竞争力、基于不同供需特征优化契约信任合作关系、基于长期专用资产投资优化能力信任合作关系、基于有效沟通优化善意信任合作关系和完善政府支持体系等，提出关系和信任的培育机制以及行之有效的发展对策，能极大充实供应链内部社会资本，有效提升供应链敏捷性和竞争力[127]。

也有学者针对农产品物流与电商协调提出对策建议。李琰（2019）在分析甘肃省相关农产品电子商务及信息系统建设现状的基础上，针对甘肃农产品信息化建设发展尚不健全的问题，借鉴国内外的有关经验，提出了建立甘肃省统一的农产品信息系统平台的构想，以期通过建立该平台，升级改造农产品流通环节，整合农产品交易的信息流、商流和物流环节，切实降低农产品的信息沟通和产品交易成本，为甘肃省农产品市场高效平稳运行提供重要保障[128]。杨路明、施礼（2019）通过对 2013—2018 年我国农产品物流与电商协同变化过程的分析可知，农产品物流与电商发展迅速，但农产品物流子系统的有序度明显高于电商子系统，农产品物流的发展受外部宏观因素影响大；农产品物流与电商之间存在着协同关系，但协同水平低。我国应采取措施释放农产品电商需求，加大对农产品第三方物流产业的扶持力度；加强战略协作，提升农产品物流与电商的合作伙伴忠诚度；加强信息集成整合，提升农产品物流与电商之间的信息共享程度[129]。何小洲、刘丹（2018）建议改善全国农产品流通效率需要，制定全国性战略规划，着力发展现代网络科技，用科技创新缩短东、中、西部的差距[130]。

2.3　研究述评

纵观国内外学者的研究，可以发现：

第一，国内外关于农产品电子商务发展应用研究。国外主要在互联网应用方面已有研究成果，国内在农产品电子商务发展评价方面成果颇丰，主要对全国、区域、省份农产品电子商务发展水平进行测度，对企业采纳农产品电子商务绩效进行测度，以及对农产品电商平台进行评价研究。

第二，国内外关于农产品供应链相关研究。国外重点就电子商务破解生鲜农产品流通困局进行探讨。国内主要就农产品电商与物流的协同进行研究。

第三，国内外关于农产品电子商务发展影响因素研究。国外主要涉及农产品电子商务简单复制电子商务模式的研究。国外主要探讨了社会经济、政策、隐私安全和基础设施建设等因素对农产品电子商务采纳的影响。国内学者主要就消费者购买意愿、农户采纳行为、企业采纳行为、品牌培育、物流、电商扶持政策及外部环境进行探讨，同时，还对跨境农产品电子商务影响因素进行研究。

第四，国内外关于农产品电子商务模式研究。国外主要涉及农产品电子商务简单复制电子商务模式的研究。国内的研究针对现实问题进行模式探讨。比如：对农产品电子商务扶贫模式进行研究、对农产品电商的融资模式进行分析。

第五，国内外关于农产品电子商务发展的作用研究。国外研究主要集中于宏观层面分析，学者们着重强调了开展农产品电子商务的重要性。国内学者对农产品电子商务的作用主要从促进了区域农产品电子商务发展，促进了农业产业兴旺，改变了农产品传统的交易方式，有助于物流配送效率提升、促进了农业产业结构转型，实现了精准扶贫等。

第六，国内外关于农产品电子商务发展对策研究。国外主要涉及政府对农产品电子商务发展的支持建议。国内学者主要从政府层面提出对策建议，也有学者针对农产品物流与电商协调提出对策建议。

总之，已有研究较好地提供了理论支撑和分析思路，对研究浙江省农产品电子商务发展差异性问题有着重要的启示意义，但是在研究对象、研究内容等方面仍存在以下不足：

一是已有研究对象主要集中于分析某一类影响因素对农户采纳农产品电子商务的影响或效应评价，不同学者的研究侧重点不一样，从而使得已有研究缺乏整体性和完整性，而影响农户采纳农产品电子商务的影响因素是一个复杂多样的过程，涉及社会、经济和政治以及个人等诸多因素，需要从不同着力点入手进行综合考量。同时，现有研究多集中在网络销售的农户，很少涉及网络供货的农户。

二是已有研究内容很少针对产品类型开展深入研究。基本上就农产品研究而研究，而没有就农产品与工业品进行比较研究，也没有就新鲜农产品与干货农产品进行比较研究。许多学者开展了基于营销模式研究，而很少针对"农产品＋电子商务发展模式"开展研究。这为本研究提供了一定的拓展研究视角及研究空间。

第3章 浙江省农产品电子商务发展状况

3.1 浙江省农产品电子商务的发展现状

3.1.1 浙江省农产品电子商务总体概况

浙江省政府大力发展农产品电商,推进电商下乡、农产品上网、开展电子商务进农村综合试点建设,在农产品网络零售、农产品网店等方面取得显著成效。表3-1显示,从农产品网络零售额看,2017年浙江省农产品网络零售额为506亿元,2020年浙江省农产品网络零售额为1 109亿元,年均增长率为30.00%。从农产品网店看,2017年拥有2万个,到了2020年已经达到2.4万个,年均增长率6.00%。

表3-1 浙江省农产品网络销售及网店发展情况

年份	农产品网络零售(亿元)	农产品网店(万)
2017	506	2
2018	667.6	2.1
2019	842	2.2
2020	1 109	2.4

数据来源:《浙江省农村电子商务发展报告》《浙江省乡村振兴发展报告(2018)》《2021年浙江省县域数字农业农村发展水平评价报告》。

3.1.2 浙江省农产品电子商务呈现集聚集群发展

2021年全国前100名农产品电商强县中,浙江省拥有11个县(市),位居全国农产品电商百强县第三名,分别为嘉兴市的海宁、嘉善,宁波的象山,金华的义乌、武义,温州的苍南、永嘉、平阳,湖州的安吉,丽水的庆元,衢州市的龙游。从网络销售特色农产品看,主要集中在茶叶、花卉、水产制品、肉类熟食等特色副食产品(表3-2)。

表 3 - 2　2021 年浙江省农产品电商销售额百强县

区域	全国排名	特色产品
义乌市	9	养生茶、花草茶
安吉县	45	安吉白茶、竹笋
苍南县	51	鸡肉零食、杂粮
海宁市	57	花卉、种球
永嘉县	63	火腿、手抓饼
武义县	65	花草茶、灵芝孢子粉
嘉善县	66	粽子、手抓饼
象山县	74	柑橘、海产品
平阳县	82	猪肉、纯牛奶
庆元县	86	香菇、银耳
龙游县	98	粽子、寿司料理

数据来源：2022 年农业农村部管理干部学院、阿里研究院联合发布《“数商兴农”农产品电商报告——从阿里平台看农产品电商高质量发展》。

3.2　基于调研数据的浙江省农产品电子商务发展状况分析

3.2.1　经营农产品农户基本情况

从表 3 - 3 可以看出，72.78% 被调查农户以男性为主，平均年龄约为 52 周岁，教育水平在高中（含中专）以下的农户占 93.01%，其中高中（含中专）的农户占 15.31%、初中的占 26.47%、小学及以下的占 51.23%；96.98% 被调查农户来本村，其次是本乡镇其他村，占比为 1.13%，本县其他乡镇的村占比为 1.89%；被调查农户的身份主要以普通村民为主，占比为75.05%；83.55% 被调查农户健康状况很好或比较好，其中，很好占36.29，比较好占 47.26%；在风险态度方面，93.95% 被调查农户比较喜欢冒险或求稳，其中，比较喜欢冒险的农户占比 17.77%，76.18% 求稳；被调查农户的平均家庭总人口约为 4 人。从被调查农户参与组织情况来看，共有57.84% 的农户参与了各类组织，参加电商协会的有 38 户，占被调查农户总体比为 7.18%，参加合作社的有 142 户，占被调查农户总体比为 26.84%；参与其他经济组织为 133 户，占被调查农户总体比为 25.14%。从上网购物使用工具看，40.59%被调查农户以手机为主兼电脑为辅，其次是他人代购的被调查农户（占26.98%），21.32%的农户全部用手机，10.66%的农户电脑为主兼手机为辅，0.45%的农户全部使用电脑；从家庭网购花费来看，2018年平均家庭网购花费11 009.69元。

表3-3　经营农产品农户基本情况

	变量说明及赋值	农户（个）	占比（%）	均值	有效样本（个）
性别	男	385	72.78		529
	女	144	27.22		
年龄	单位：周岁			51.79	529
网商来源	本村	513	96.98		529
	本乡镇其他村	6	1.13		
	本县其他乡镇的村	10	1.89		
	本市其他乡镇的村	/	/		
	本省其他乡镇的村	/	/		
	外省农村	/	/		
教育水平	小学及以下	271	51.23		529
	初中	140	26.47		
	高中（含中专）	81	15.31		
	大专	28	5.29		
	本科及以上	9	1.70		
从事网商之前的身份	普通村民	397	75.05		529
	农业规模经营户	33	6.24		
	返乡务工村民	46	8.70		
	退伍军人	2	0.38		
	在外经商返乡村民	12	2.27		
	村干部	7	1.32		
	返乡大学生	25	4.73		
	其他	7	1.32		
风险态度	很喜欢冒险	21	3.97		529
	比较喜欢冒险	94	17.77		
	求稳	403	76.18		
	很保守	11	2.08		

（续）

变量说明及赋值		农户（个）	占比（%）	均值	有效样本（个）
	很好	192	36.29		529
	比较好	250	47.26		
健康状况	一般	80	15.12		
	比较不好	6	1.13		
	很不好	1	0.19		
家庭总人口	单位：人			3.75	529
	电商协会	38	7.18		529
参与组织情况（户）	合作社	142	26.84		
	其他经济组织	133	25.14		
	没有参与	223	42.16		
	全部用电脑	2	0.45		441
	全部用手机	94	21.32		
上网购物使用工具	电脑为主，手机为辅	47	10.66		
	手机为主，电脑为辅	179	40.59		
	请人代购	119	26.98		
家庭网购花费	单位：元/户			11 009.69	413

注：数据来源于调查问卷。

3.2.2 经营新鲜农产品农户基本情况

从表3-4可以看出，71.12%被调查农户以男性为主，平均年龄约为53周岁，教育水平以高中（含中专）以下为主（占93.05%），其中高中（含中专）占比为13.37%、初中占比为27.27%、小学及以上占比为52.41%；96.26%被调查农户来自本村，其次是本乡镇其他村为1.07%，本县其他乡镇的村为2.67%；被调查农户的身份主要以普通村民为主，占比为81.28%；85.56%被调查农户健康状况很好或比较好，其中，很好占28.88%，比较好占56.68%；在风险态度方面，93.05%被调查农户比较喜欢冒险或求稳，其中，比较喜欢冒险的农户占15.51%，77.54%求稳；被调查农户的平均家庭总人口约为3人。从被调查农户参与组织情况来看，共有61.50%的农户参与了各类组织，其中，参加电商协会的有5户，占被调查农户比2.67%，参加合作社的有 49 户，占被调查农户比为 26.20%；参与其他经济组织为 68 户，占被调查农户比为 36.36%。从上网购物使用工具看，38.56% 被调查农户以手机为主兼电脑为辅，其次是电脑为主兼手机为辅（占 33.33%），23.53% 的被调查农户找他人代购，4.58% 全部用手机，没有农户全部使用电脑；从家庭网购花费来看，2018 年平均家庭网购花费 8 571.14 元。

表 3-4 新鲜农产品农户基本情况

	变量说明及赋值	农户（个）	频率（%）	均值	有效样本（个）
性别	男	133	71.12		187
	女	54	28.88		
年龄	单位：周岁			52.91	187
网商来源	本村	180	96.26		187
	本乡镇其他村	2	1.07		
	本县其他乡镇的村	5	2.67		
	本市其他乡镇的村	/	/		
	本省其他乡镇的村	/	/		
	外省农村	/	/		
教育水平	小学及以下	98	52.41		187
	初中	51	27.27		
	高中（含中专）	25	13.37		
	大专	10	5.35		
	本科及以上	3	1.60		
从事网商之前的身份	普通村民	152	81.28		187
	农业规模经营户	9	4.81		
	返乡务工村民	12	6.42		
	退伍军人	/	/		
	在外经商返乡村民	1	0.53		
	村干部	1	0.53		
	返乡大学生	9	4.81		
	其他	3	1.07		
风险态度	很喜欢冒险	5	2.67		187
	比较喜欢冒险	29	15.51		
	求稳	145	77.54		
	很保守	8	4.28		

（续）

变量说明及赋值		农户（个）	频率（%）	均值	有效样本（个）
	很好	54	28.88		187
	比较好	106	56.68		
健康状况	一般	24	12.83		
	比较不好	3	1.60		
	很不好	/	/		
家庭总人口	单位：人			3.39	187
	电商协会	5	2.67		187
参与组织情况（户）	合作社	49	26.20		
	其他经济组织	68	36.36		
	没有参与	72	38.50		
	全部用电脑	/	/		153
	全部用手机	36	4.58		
上网购物使用工具	电脑为主，手机为辅	7	33.33		
	手机为主，电脑为辅	51	38.56		
	请人代购	59	23.53		
家庭网购花费	单位：元/户			8 571.14	149

注：数据来源于调查问卷。

3.2.3　经营干货农产品农户基本情况

从表 3-5 可以看出，73.68% 被调查农户以男性为主，平均年龄约为 51 周岁，教育水平以高中（含中专）以下的农户为主（占 92.97%），其中高中（含中专）的农户占比为 16.37%、初中为 26.02%、小学及以下为 50.58%；97.37% 被调查农户来自本村，其次是本乡镇其他村为 1.17%，本县其他乡镇的村为 1.46%；被调查农户的身份主要以普通村民为主，占比为 71.64%；82.46% 被调查农户健康状况很好或比较好，其中，很好占 40.35%，比较好占 42.11%；在风险态度方面，94.45% 被调查农户比较喜欢冒险或求稳，其中，比较喜欢冒险的农户占 19.01%，75.44% 求稳；被调查农户的平均家庭总人口约为 4 人。从被调查农户参与组织情况来看，共有 191 户参与了各类组织，占被调查农户比例为 55.85%，其中，参加电商协会的有 33 户，占被调查农户比例为 9.65%，参加合作社的有 93 户，占被调查农户比例为 27.19%；

参与其他经济组织的农户为 65 户，占被调查农户比为 19.01％。从上网购物使用工具看，44.44％被调查农户以手机为主电脑为辅，其次是他人代购的被调查农户（占 20.83％），20.14％的农户全部用手机，13.89％的农户电脑为主手机为辅，0.69％的农户全部使用电脑；从家庭网购花费来看，2018 年平均家庭网购花费 12 385.98 元。

表 3－5 干货农产品农户基本情况

	变量说明及赋值	农户（个）	频率（%）	均值	有效样本（个）
性别	男	252	73.68		342
	女	90	26.32		
年龄	单位：周岁			51.17	342
供应商农户来源	本村	333	97.37		342
	本乡镇其他村	4	1.17		
	本县其他乡镇的村	5	1.46		
	本市其他乡镇的村	/	/		
	本省其他乡镇的村	/	/		
	外省农村	/	/		
教育水平	小学及以下	173	50.58		342
	初中	89	26.02		
	高中（含中专）	56	16.37		
	大专	18	5.26		
	本科及以上	6	1.75		
从事供应商之前的身份	普通村民	245	71.64		342
	农业规模经营户	24	7.02		
	返乡务工村民	34	9.94		
	退伍军人	2	0.58		
	在外经商返乡村民	11	3.22		
	村干部	6	1.75		
	返乡大学生	16	4.68		
	其他	/	/		
风险态度	很喜欢冒险	16	4.68		342
	比较喜欢冒险	65	19.01		
	求稳	258	75.44		
	很保守	3	0.88		

（续）

	变量说明及赋值	农户（个）	频率（%）	均值	有效样本（个）
健康状况	很好	138	40.35		342
	比较好	144	42.11		
	一般	56	16.37		
	比较不好	3	0.88		
	很不好	1	0.29		
家庭总人口	单位：人			3.95	342
参与组织情况（户）	电商协会	33	9.65		342
	合作社	93	27.19		
	其他经济组织	65	19.01		
	没有参与	151	44.15		
上网购物使用工具	全部用电脑	2	0.69		288
	全部用手机	58	20.14		
	电脑为主，手机为辅	40	13.89		
	手机为主，电脑为辅	128	44.44		
	请人代购	60	20.83		
家庭网购花费	单位：元/户			12 385.98	264

注：数据来源于调查问卷。

3.2.4 经营工业品农户基本情况

从表 3-6 可以看出，72.85% 的被调查农户以男性为主，平均年龄约为 36 周岁，教育水平以高中及以上为主（占 72.34%），其中高中为 36.60%、大专为 18.90%，本科及以上为 16.84%；65.98% 的被调查农户来自本村，其次是在外省农村的村民（占 13.75%），本省其他乡镇的村农户（占 7.39%）；被调查农户的身份主要以返乡务工村民、在外经商返乡村民、返乡大学生为主导，三者占被调查农户的 81.95%，返乡务工村民为 24.91%、在外经商返乡村民为 34.19%，返乡大学生为 22.85%；92.78% 被调查农户健康状况很好或比较好，其中，很好占 56.87%，比较好占 35.91%；在风险态度方面，93.47% 被调查农户比较喜欢冒险或求稳，其中，比较喜欢冒险的农户占 45.19%，48.28% 为求稳；被调查农户的平均家庭总人口约为 4 人。从被调查农户参与组织情况来看，参加电商协会的有 127 户，占被调查农户比为 21.82%，参加合作社的有 11 户，占被调查农户比 1.89%；参与其他经济组织为 78 户，占被调查农户比 13.40%。从上网购物使用工具看，52.15% 被调查农户以手机为主电脑为辅，其次是电脑为主手机为辅（占 42.00%），而 3.96% 的农户全部用手机，1.89% 的农户全部使用电脑，没有他人代购的被调查农户；从家庭网购花费来看，2018 年平均家庭网购花费 26 520.26 元。

表 3-6 工业品农户基本情况

	变量说明及赋值	农户（个）	频率（%）	均值	有效样本（个）
性别	男	424	72.85		582
	女	158	27.15		
年龄	单位：周岁			35.99	582
供应商农户来源	本村	384	65.98		582
	本乡镇其他村	37	6.36		
	本县其他乡镇的村	31	5.33		
	本市其他乡镇的村	7	1.20		
	本省其他乡镇的村	43	7.39		
	外省农村	80	13.75		
教育水平	小学及以下	31	5.33		582
	初中	130	22.34		
	高中（含中专）	213	36.60		
	大专	110	18.90		
	本科及以上	98	16.84		
从事供应商之前的身份	普通村民	23	3.95		582
	农业规模经营户	2	0.34		
	返乡务工村民	145	24.91		
	退伍军人	5	0.86		
	在外经商返乡村民	199	34.19		
	村干部	1	0.17		
	返乡大学生	133	22.85		
	其他	74	12.71		

（续）

	变量说明及赋值	农户（个）	频率（%）	均值	有效样本（个）
风险态度	很喜欢冒险	24	4.12		582
	比较喜欢冒险	263	45.19		
	求稳	281	48.28		
	很保守	14	2.41		
健康状况	很好	331	56.87		582
	比较好	209	35.91		
	一般	39	6.70		
	比较不好	3	0.52		
	很不好	/	/		
家庭总人口	单位：人			4.11	582
参与组织情况	电商协会	127	21.82		582
	合作社	11	1.89		
	其他经济组织	78	13.40		
	没有参与	374	64.26		
上网购物使用工具	全部用电脑	11	1.89		581
	全部用手机	23	3.96		
	电脑为主，手机为辅	244	42.00		
	手机为主，电脑为辅	303	52.15		
	请人代购	/	/		
家庭网购花费	单位：元/户			26 520.26	580

注：数据来源于调查问卷。

3.3　本章小结

本章是本书的立论基础，主要分析浙江省农产品电子商务发展的基本现状。

（1）浙江省政府大力发展农产品电商，推进电商下乡、农产品上网、在农产品网络零售、农产品网店等方面取得显著成效，且农产品电子商务呈现集聚集群发展。

（2）调研农户基本特征。主要分析了从事农产品与工业品网络销售与网络供货的调研农户基本特征；从事新鲜农产品与干货农产品网络销售与网络供货的调研农户基本特征。

第4章 农产品电子商务发展的影响因素

要对农产品电子商务发展进行研究，就要对其发展的动力因素进行深入分析，这是本书的核心任务之一，也为开展后续研究打下了理论基础。本章基于文献综述，重点分析了农产品电商参与主体、农产品电商平台、农产品物流、农产品种植规模、农产品销售距离、农产品质量、农产品特性、农产品消费者等影响因素。

4.1 农产品电商主要参与主体

4.1.1 政府

农产品电商发展促进工作作为乡村振兴战略实施的重要任务，受到了党和各级政府的高度重视，政府不断出台政策，农村电商基础设施建设成果显著。随着农产品电商快速发展，地方政府在农户电商创业中的作用日益突出，在基础设施建设、政策制定、招商引资、对外宣传、技能培训等方面发挥着重要作用。政府组织的电子商务培训、电子商务扶持资金、提供创业基地等各类支持方式，均为推动农村地区农业经营主体应用或采纳电子商务起着关键作用。比如：对于以农业生产经营为主要业务范畴的新型农业经营主体而言，其开展电子商务无异于"跨界经营"，加之农产品电子商务的采纳初期需要投入成本，往往容易使新型农业经营主体不愿贸然尝试。如果能够受惠于相关扶持政策，会极大地增强新型农业经营主体采纳农产品电子商务的意愿[131]。

4.1.2 电商协会

电商协会将触电农业企业、农户组织起来，形成政府、行业协会和市场共同推动的农产品电商区域合作机制，提升各地区农产品电商的核心竞争力，实现抱团发展、建设公共品牌、产品服务提质增效，助推乡村产业振兴。电商协会主要功能作用是开展对农户、返乡大学生、退伍军人等人员进行电商技能培训服务。由于新冠疫情引起的各地经济增速缓慢，农民工、大学毕业生以及新增退伍军人选择返乡就业创业。这些回乡人员大多没有从业的专业知识，就业创业比较困难。电商协会为适应当前市场需求，举办电商创业、快手、直播销售、美工、视觉设计培训班，促进已退役军人、回乡大学生和返乡农民工从事海鲜、水果、蔬菜等电商产品网络直播销售，形成农产品电商骨干示范，辐射带动更多的人从事电商经营，实现脱贫致富。同时，协会还能积极配合当地人社部门按照《电子商务法》和《网络直播营销规范》要求，抓好电商从业人员"持证上岗，亮牌直播"等管理服务。

4.1.3　触电农业企业

农产品包装存储条件是农产品商品流通的重要影响因素。基于市场营销需要，农产品包装单位的大小、轻重、材料、方式等应满足目标顾客需求，便于消费者识别和选购，美化商品、扩大销售，提高农产品市场营销效率。这需要触电农业企业实现对农产品生产环境的标准化控制和管理，实现从生产到流通再到消费的全程控制以及智能化、科学化管理，提高农产品生产的标准化水平等，强化上下游追溯体系业务协作协同和信息共建共享，加大既懂农业又懂电子商务人才的培训和引进。值得注意的是，触电农业企业在农产品生产和经营过程中，各种风险因素呈现复杂性、多样性的特点，导致农业抗风险能力比其他行业弱。一方面，农产品具有保鲜难、易损性等特性，需要农产品电子商务企业拥有较好的IT基础设施建设和管理水平，才能快速获取外部环境变化的信息，以响应市场；另一方面，农产品具有标准化程度低、品牌化水平低等特性，农产品电子商务企业需加强农产品的品质和规格管理，这对企业内部的运作调整能力提出了较高的要求。可见，对组织敏捷性的要求也是因农产品行业本身特性所决定的。

4.1.4　合作社

农民专业合作社在促进农民与现代化有效衔接中发挥着不可替代的作用。组建合作社有利于实现资源整合，降低交易成本与提升风险对冲能力，从而成为个体农户"由弱变强"的关键。与此同时，分散农户加入农民专业合作社，推动规范化经营与品牌化变革。事实上，人类的决策主要依赖学习模仿，个体受外部环境不确定性及个体能力不足等影响，从而在决策的制定上选择模仿他人的行为，这被称为羊群效应[132-133]。大量的研究表明，社会资本有助于促使个体更容易将信息、知识、技能和实物资产联结，为知识转移以及资源优化配置提供决策依据[134-136]。因此，合作社是促进农业向标准化、品牌化转型，推动农产品电子商务快速发展的重要因素。

4.1.5 农户

乡村不仅是原乡人的生产生活之所，也是归乡人和外乡人的创业之所[137]。互联网信息技术作为一种新型生产要素快速向农村地区渗透，为农户创业提供更多新机遇[138]，然而并不是所有农户都倾向于并有能力参与电商创业[139]。对于农户而言，农产品电商是一项在互联网虚拟环境下实现农产品交易的新技术，农户采纳电商进行创业的决策过程符合"感知—意愿—行为"逻辑[140]。易获得性包括物理易获得性与信息易获得性。先前经验是农户创业理论中备受关注的重要因素，指从先前经历中积累的有关市场、产品、资源等有价值的知识。政府支持能够影响用户对于新技术的使用。

4.1.6 农产品消费者

消费者意愿是影响农产品电子商务的重要因素，其直接影响电子商务交易能否顺利进行，在农产品电子商务发展过程中消费者购买意愿具有非常重要的作用。有学者发现消费者的产品安全和质量预期和网站信息丰富度显著影响消费者的农产品电子商务购买意愿[141]。有学者认为消费者缺乏信心制约了生鲜农产品电子商务健康、快速发展。林家宝采用 SPSS 和 PLS.Graph 软件进行实证分析，实证研究结果发现，水果质量、感知的价值、物流服务质量、网站设计质量、沟通和信任倾向对消费者信任都有显著的影响，其中水果质量和感知的价值的作用最为突出[142]。在实际的产品消费过程中，消费者满意度越强，对网上购物的接受能力也越强，从而推动农产品电子商务发展；相反，消费者满意度越低，对网上购物的接受能力也越弱。因此，消费者满意度将对农产品电子商务发展产生重要影响。消费者意愿主要通过对网店产品质量、产品价格、产品需求、服务质量是否满意影响网店销量，即消费者对网上购物满意度越高，网络市场需求越增加，产品实现产销两旺，将促进更多人开设网店，由需求增加推动农产品电商发展。在其他条件不变的情况下，产品价格越低，消费者购买意愿越强烈；相反，产品价格越高，消费者购买意愿越弱。因此，产品价格波动也是影响消费者购买意愿的重要因素。消费者对产品的需求表达的是消费者对产品的特征和特性的满足程度。在其他条件不变的情况下，消费者对产品需求程度直接刺激消费者产生购买行为，对产品需求程度越高，其购买意愿越强烈；反之，对产品需求程度越低，其购买意愿越弱。网店的服务质量是直接影响消费者购买意愿的重要因素。网店为了提高顾客的回头率，千方百计地提高其服务质量，也就是说，网店的服务质量越好，越能吸引更多的消费者进入该网店消费或重复多次消费，从而提高网店销售额，进而促进农产品电子商务发展。

4.2　农产品电商平台

农产品电商平台是支撑农产品电子商务发展的重要因素。因为农产品电子商务具有普遍性、高效性、开放性等优势，利用网络打破时间与空间的障碍，降低农产品流通中的交易成本和机会成本，减少信息不对称，激发农产品活力，农产品和电子商务的结合对实现农业现代化、产业化发展具有重要影响。影响农产品电子商务平台发展关键因素在于农产品电子商务技术能力，农产品电子商务技术能力越强，越能够为电商企业提供高效的技术解决方案，企业更愿意采纳新的信息技术[143]，给企业带来更流畅的业务流程，从而帮助企业实现紧急业务需求，提高企业市场响应能力[144]，从而促进农产品电子商务平台发展。农产品电商平台也由传统的 PC 端向移动端快速发展。由传统的淘宝、盒马生鲜向微信社群平台，再向短视频、直播等多媒体电商平台发展。例如：在微信之后，特别是拼多多的快速崛起，基于微信朋友圈分享而快速发展起来的社交电商进入现代生活当中，同样也带来了农产品电商新的传播方式和组织形式。商家依托微信的社交电商和拼团带动了农产品销售，打通了城市与农村之间的空间界限，也依靠微信群来组织生产者和销售团队。

4.3　农产品品牌

在当前的农产品电商竞争中，大量的商家在销售着同质化的产品，一方面产品自身特色无法凸显出来，收益率低，另一方面消费者也无法将这些产品区分开来，导致了消费中的盲目与顾虑。有了品牌的农产品就可以凭借自身品牌来将自己与其他竞争者区别开来，在提供标准、安全，可追溯产品的同时也向消费者传递了附着在产品上的价值观念，让消费者既能够快速准确地找到想要购买的商品，也能在消费商品的同时获得独特的价值感受。有了品牌的农产品也就不必再受低价竞争策略的影响，从而实现自身产品的溢价。因此，拥有品牌的农产品且知名度越高，越能赢得消费者的信赖，消费者会形成品牌依赖，从而推动农产品销量，促进农产品电子商务发展。要加快农产品品牌培育，品牌培育对农产品电商发展具有显著的促进作用。当然，品牌培育能否影响农产品电商的发展，还会受到农产品电商自身、农产品电商家庭以及农产品电商所在地区经济社会发展状况的影响[145]。

4.4 农产品物流

农产品物流作为连接农业生产和农产品销售的重要中间环节，对降低农产品成本、提高农产品质量具有重要作用。物流环境支撑能力对农产品电子商务发展的影响权重较大；农产品物流能力呈逐年增大态势，但近年来，受新冠疫情影响，农产品物流增长速度将逐步放缓；物流环境支撑、物流信息技术、物流经营运作是构成农产品物流的重要指标。

4.5 农产品销售距离

区位理论认为，如果生产区位远离市场，则会增加交通运输的成本，进而降低经营主体的利润。就农产品销售距离而言，在其他条件不变的情况下，距离市场越近，农产品经营主体销售成本越低，农产品经营主体获得的利润越高，农产品经营主体越愿意采纳电子商务销售农产品。而市场需求因子是影响农产品经营主体选择电子商务的重要因素。

4.6 农产品特性

农产品具有固定的生长周期，并具有特定的季节供给性，使得农产品电子商务旺销呈现典型的季节性特征。农产品的产品特性决定了农产品电子商务比"非农产品"电子商务的运营难度更大。农产品生长条件主要是温度、湿度、光热、地形、土壤等自然条件，这些自然条件决定了其品质，不同季节、不同地域的同一品种农产品品质之间可能存在较大差异，在很大程度上决定了一个地区农产品的比较优势，进而影响到农产品网络销售。比如：浙江省临安山核桃每年九月份开始上市到春节前后，这段时间的销量最大，几乎占到全年销量的 70%～80%。其次，许多农产品鲜嫩易腐，保质期很短，尤其是生鲜类农产品，需要及时包装冷藏，以达到延长保质期的目的。因此，农产品包装存储条件比较完善，农产品商品流通越顺畅，越能推动农产品电子商务发展。

4.7　本章小结

从政府的政策推动看，一般来说，政策因素主要通过政策目标任务的不同影响农村电子商务发展环境和支持方向，进而影响到不同经营主体从事农村电商的成本和收益，对农村电商发展规模和方向产生主要影响。

从农产品电商平台看，农产品电子商务发展需要大型电商平台企业参与，企业农产品电商发展战略有效促进农产品电商发展。

从涉农电商组织的参与看，涉农组织以行业合作、自建平台、服务涉农电商活动等方式参与农产品电子商务。农产品电商涉及销售、产品、服务等诸多环节，尤其是农产品电商中的农产品包装与保鲜技术、溯源、品控、检测、物流选择、售后等相关体系的供应链管理，需要多行业共同参与方能推动。

从农户参与看，农民是农产品电子商务发展的主要参与主体，其参与意愿直接影响农产品电子商务的发展效果。农民的文化程度越高，对新知识的接受能力、学习能力、应用能力越强，其参与农产品电子商务的顾虑就越少，参与后成功的概率相对较高。

从农产品物流看，一般而言，一个地区农产品物流发展水平越高，越能够促进当地农产品电子商务发展，反之，一个地区农产品电子商务发展速度越快，越能够促进农产品物流发展。

从农产品销售距离看，在其他条件不变的情况下，距离市场越近，农产品经营主体销售成本越低，农产品经营主体获得的利润越高，农产品经营主体越愿意采纳电子商务销售农产品。

从农产品特性看，一方面，许多农产品鲜嫩易腐，保质期很短，尤其是生鲜类农产品，需要及时包装冷藏，以达到延长保质期的目的。另一方面，市场营销需要农产品包装单位的大小、轻重、材料、方式等应满足目标顾客需求、美化商品，便于消费者识别和选购，扩大销售提高农产品市场营销效率。

第5章 农产品与工业品电子商务发展差异性分析

本章在第3、第4章分析基础上，从网络销售产品类型对浙江省农村区域范围内农产品电子商务与工业品电子商务发展差异性进行研究，主要对农户的网络销售情况和农户给网络供货情况进行深入探讨。

5.1 网络销售农产品与工业品的农户家庭收入及其影响因素差异性分析

5.1.1 网络销售农产品与工业品的农户家庭收入差异性分析

数据分析发现，从事网络销售农产品之后农户家庭年收入均高于之前。之前家庭年收入为25.15万元，之后第一年家庭收入为26.31万元，同之前比增加了1.16万元，增长率为4.61%；从事网络销售农产品的农户2018年的平均家庭年收入为34.26万元，同之前比增加了9.11万元，增长率为36.22%，同第一年比增加了7.95万元，增长率为30.22%；从事网络销售农产品的农户家庭第一年网络收入为11.44万元，占家庭总收入的43.48%；2018年网络收入为23.35万元，占家庭总收入的68.16%，比第一年高24.68%（表5-1）。

数据分析显示，从农户从事网络销售农产品的家庭年收入来看，发展农产品电子商务带来了家庭收入增加。从时间来看，初期对家庭收入贡献率相对较低，随着经营时间拉长，贡献率升高。也就是说，在其他条件不变的情况下，农户从事网络销售农产品时间越长，对家庭收入贡献率越大。可见，从事网络销售农产品的时间是影响农户家庭收入的重要因素。此外，网络销售收入对从事网络销售农产品的农户家庭收入贡献率较高。

表 5-1 网络销售农产品与工业品的农户家庭收入情况

收入	网络销售农产品的农户		网络销售工业品的农户	
	金额（万元）	有效样本（个）	金额（万元）	有效样本（个）
从事网络销售之前家庭收入	25.15	141	16.08	448
第一年家庭收入	26.31	144	23.67	462
第一年网络收入	11.44	144	18.05	462
2018年家庭收入	34.26	142	53.12	462
2018年网络收入	23.35	142	42.88	461

注：数据来源于调查问卷。

数据分析发现，农户从事网络销售工业品之后的家庭收入均高于之前。之前的家庭年收入为 16.08 万元，之后第一年家庭年收入为 23.67 万元，同之前比，增长了 7.59 万元，增长率为 47.20%；从事网络销售工业品的农户 2018 年家庭年收入为 53.12 万元，同之前比增加了 37.04 万元，增长率为 230.35%，同第一年比增加了 29.45 万元，增长率同样为 124.42%；从事网络销售工业品的农户家庭第一年网络收入为 18.05 万元，占家庭总收入的 76.26%；2018 年网络收入为 42.88 万元，占家庭总收入的 80.72%，比第一年高 4.46 个百分点（表 5-1）。

数据分析显示，从网络销售工业品的农户家庭收入来看，发展工业品电子商务带来了农户家庭收入增加。从网络销售时间看，初期对家庭收入贡献率相对较低，随着经营时间拉长，贡献率升高。也就是说，在其他条件不变的情况下，农户从事网络销售工业品时间越长，对家庭收入贡献率越大。可见，从事网络销售工业品的时间是影响农户家庭收入的重要因素。此外，网络销售收入对从事网络销售工业品的农户家庭收入贡献率较高。

从横向看，同之前比，第一年网络销售工业品的农户家庭收入增长率远远高于销售农产品的，2018 年网络销售工业品的农户家庭收入增长率比销售农产品的高出 194.13 个百分点。同第一年比，2018 年网络销售工业品的农户家庭收入增长率比销售农产品的高出 94.20 个百分点。第一年网络销售工业品的网络收入占农户家庭总收入比重比销售农产品的高 32.78 个百分点。2018 年网络销售工业品的网络收入占农户家庭总收入比重比销售农产品的高 12.56 个百分点。同第一年比，截至2018年，从事网络销售农产品农户的网络收入增长率比网络销售工业品的高出20.22个百分点。可见，从网络收入占家庭收入比重看，发展农产品电子商务对从事网络销售农产品的农户家庭收入贡献率相对较高。

5.1.2 网络销售农产品与工业品的农户家庭收入影响因素差异性分析

5.1.2.1 农户全职与兼职差异性分析

从全职看，从事农产品网络销售的农户比例为45.14％，从事工业品网络销售的农户比例为69.98％，从事农产品网络销售的农户比例比从事工业品的农户比例低24.84个百分点。从兼职看，从事农产品网络销售的农户比例为54.86％，从事工业品网络销售的农户比例为30.02％，从事农产品网络销售的农户比例比从事工业品的农户比例高出24.84个百分点，具体见表5-2。

以上数据分析显示，全职从事工业品网络销售的农户占比高于从事农产品网络销售的农户，而兼职则反之。调研发现，农户全职或兼职参与农产品电商是影响其家庭增收效益的重要因素。

表5-2 从事农产品与工业品网络销售的农户全职、兼职电商情况

经营电商情况	有效样本（个）			
	网络销售农产品的农户		网络销售工业品的农户	
	144		463	
	农户（个）	百分比（％）	农户（个）	百分比（％）
全职	65	45.14	324	69.98
兼职	79	54.86	139	30.02

注：数据来源于调查问卷。

5.1.2.2 农户网络销售（或开网店）之前参加电商培训差异性分析

从参加电商培训看，参加电商培训从事农产品网络销售的农户比例为40.97％，从事工业品网络销售的农户比例为47.52％，从事农产品网络销售的农户比例比从事工业品网络销售的低6.55个百分点。从没有参加电商培训看，从事农产品网络销售的农户比例为59.03％，从事工业品网络销售的农户比例为52.48％，从事农产品网络销售的农户比例比从事工业品网络销售的高6.65个百分点。具体见表5-3。

以上数据分析显示，参加电商培训从事农产品网络销售的农户占比低于从事工业品网络销售的，而没有参加电商培训的则反之。

表 5-3　农户从事网络销售（或开网店）之前，是否参加过电商培训情况

电商培训情况	有效样本（个）			
	网络销售农产品的农户 144		网络销售工业品的农户 463	
	农户（个）	百分比（%）	农户（个）	百分比（%）
是	59	40.97	220	47.52
否	85	59.03	243	52.48

注：数据来源于调查问卷。

5.1.2.3　农户拥有网店差异性分析

从拥有网店从事网络销售的农户看，54.17%从事农产品网络销售的农户拥有网店，91.58%从事工业品网络销售的农户拥有网店，从事工业品网络销售的农户比例比从事农产品的高出 37.41 个百分点。具体见表 5-4。

表 5-4　是否拥有网店从事农产品与工业品网络销售的农户情况

网店情况	有效样本（个）			
	网络销售农产品的农户 144		网络销售工业品的农户 463	
	农户（个）	百分比（%）	农户（个）	百分比（%）
有	78	54.17	424	91.58
没有	66	45.83	39	8.42

注：数据来源于调查问卷。

以上数据分析显示，拥有网店从事工业品网络销售的农户占比高于从事农产品网络销售的，而没有网店的则反之。

从拥有 1 个网店从事网络销售的农户看，46.15%从事农产品网络销售的农户拥有 1 个网店，33.49%从事工业品网络销售的农户拥有 1 个网店，从事农产品网络销售的农户比例比从事工业品网络销售的农户比例高出 12.66 个百分点。

从拥有 2 个网店从事网络销售的农户看，29.49%拥有 2 个网店的农户从事农产品网络销售，31.13%拥有 2 个网店的农户从事工业品网络销售，从事工业品网络销售的农户比例比从事农产品网络销售的高出 1.64 个百分点。

从拥有 3 个网店从事网络销售的农户看，从事农产品网络销售的农户比例为 11.54%，从事工业品网络销售的比例为 19.10%，从事工业品网络销售的

农户比例比从事农产品网络销售的高出 7.56 个百分点。

从拥有 4 个网店从事网络销售的农户看，从事农产品网络销售的农户比例为 5.13%，从事工业品网络销售的农户比例为 6.84%，从事工业品网络销售的农户比例比从事农产品网络销售的高出 1.71 个百分点。

从拥有 5 个及以上网店从事网络销售的农户看，从事农产品网络销售的农户比例为 7.69%，从事工业品网络销售的农户比例为 9.43%，从事工业品网络销售的农户比例比从事农产品网络销售的高出 1.74 个百分点，具体见表 5-5。

表 5-5 拥有网店从事农产品与工业品网络销售的农户比例情况

网店数量	有效样本（个）			
	网络销售农产品的农户		网络销售工业品的农户	
	144		463	
	农户（个）	百分比（%）	农户（个）	百分比（%）
1 个	36	46.15	142	33.49
2 个	23	29.49	132	31.13
3 个	9	11.54	81	19.10
4 个	4	5.13	29	6.84
5 个及以上	6	7.69	40	9.43

注：数据来源于调查问卷。

以上数据分析显示，从事工业品网络销售的农户拥有网店个数较多，从事农产品网络销售的农户拥有网店个数相对较少。

5.1.2.4 农户从事国内、跨境电商差异性分析

无论从事农产品网络销售的农户，还是从事工业品网络销售的农户，两者主要开展国内电商业务，分别占比 98.61%、85.31%。从单独开展跨境电商情况看，没有农户从事农产品跨境网络销售，从事工业品跨境网络销售的农户比例仅为 3.02%。从开展国内、跨境电商情况看，仅有 1.39% 的农户开展国内、跨境电商业务从事农产品网络销售，而开展国内、跨境电商业务从事工业品网络销售的农户比例相对较高，比例为 11.66%，具体见表 5-6。

以上数据分析显示，从事网络销售的农户主要从事国内电商业务，其中从事工业品网络销售的农户比例小于从事农产品网络销售的。而从事跨境电商开展网络销售农产品的农户比例较低，说明浙江省农产品跨境电子商务发展尚处于起步阶段。

表5-6　开展国内、跨境电商从事农产品与工业品网络销售的农户情况

电商情况	有效样本（个）			
	网络销售农产品的农户		网络销售工业品的农户	
	144		463	
	农户（个）	百分比（%）	农户（个）	百分比（%）
国内电商	142	98.61	395	85.31
跨境电商	/	/	14	3.02
国内、跨境电商	2	1.39	54	11.66

注：数据来源于调查问卷。

5.1.2.5　农户开展跨境电商困境差异性分析

从表5-7可以看出，很少有农户开展跨境电商从事农产品网络销售，因此无法具体就两者差异性进行分析。这里主要分析从事工业品网络销售的农户开展跨境电商业务的困境。主要困境包括：人才缺乏、网络平台、物流成本高、交易沟通困难、跨文化习俗等，比例分别为42.65%、19.12%、64.71%、30.88%、29.41%。其中，遇到物流成本高困境的农户比例最高，比例最低为遇到网络平台困境的农户。

表5-7　从事农产品与工业品网络销售的农户开展跨境电商困境情况

困境	有效样本（个）			
	网络销售农产品的农户		网络销售工业品的农户	
	2		68	
	农户（个）	百分比（%）	农户（个）	百分比（%）
人才缺乏	2	/	29	42.65
网络平台	/	/	13	19.12
物流成本高	2	/	44	64.71
交易沟通困难	/	/	21	30.88
跨文化习俗	1	/	20	29.41
其他	/	/	/	

注：数据来源于调查问卷。

以上数据分析显示，农户从事跨境电商开展工业品网络销售的主要困境是物流成本高和跨境电商人才缺乏。

5.1.2.6　农户从事电商之前创业差异性分析

从总体看，59.72%从事农产品网络销售的农户有过创业经历，63.07%从

事工业品网络销售的农户有过创业经历，从事农产品网络销售的农户比例比从事工业品网络销售的农户比例低 3.35 个百分点。而没有创业经历的农户则反之，具体见表 5－8。

表 5－8　网络销售农产品与工业品的农户从事电商之前的创业情况

是否有创业经历	有效样本（个）			
	网络销售农产品的农户		网络销售工业品的农户	
	144		463	
	农户（个）	百分比（%）	农户（个）	百分比（%）
有	86	59.72	292	63.07
没有	58	40.28	171	36.93

注：数据来源于调查问卷。

从之前有过 1 次创业经历的从事网络销售的农户看，从事农产品网络销售的农户比例为 35.42%，从事工业品网络销售的农户比例为 31.75%，从事农产品网络销售的农户比例比从事工业品网络销售的农户比例高出 3.67 个百分点。

从之前有过 2 次创业经历的从事网络销售的农户看，从事农产品网络销售的农户比例为 18.06%，从事工业品网络销售的农户比例为 22.68%，从事农产品网络销售的农户比例比从事工业品网络销售的农户比例低 4.62 个百分点。

从之前有过 3 次创业经历的从事网络销售的农户看，从事农产品网络销售的农户比例为 2.78%，从事工业品网络销售的农户比例为 5.83%，从事农产品网络销售的农户比例比从事工业品网络销售的农户比例低 3.05 个百分点。

从之前有过 4 次创业经历的从事网络销售的农户看，从事农产品网络销售的农户比例为 0.68%，从事工业品网络销售的农户比例为 0.86%，从事农产品网络销售的农户比例和从事工业品网络销售的农户比例均偏低。

从之前有过 5 次及以上创业经历的从事网络销售的农户看，从事农产品网络销售的农户比例为 2.77%，从事工业品网络销售的农户比例为 1.95%，从事农产品网络销售的农户比例和从事工业品网络销售的农户比例均偏低，具体见表 5－9。

以上数据分析显示，农户从事工业品网络销售之前创业次数相对较多，农户从事农产品网络销售之前创业次数相对较少。

表 5-9　网络销售农产品与工业品的农户从事电商之前的创业情况

| 创业次数 | 有效样本（个） | | | |
| | 网络销售农产品的农户 144 | | 网络销售工业品的农户 463 | |
	农户（个）	百分比（%）	农户（个）	百分比（%）
1 次	51	35.42	147	31.75
2 次	26	18.06	105	22.68
3 次	4	2.78	27	5.83
4 次	1	0.69	4	0.86
5 次及以上	4	2.77	9	1.95

注：数据来源于调查问卷。

5.1.2.7　农户运用网络平台差异性分析

从使用淘宝网（天猫、1688）看，从事农产品网络销售的农户占比 51.39%，从事工业品网络销售的农户占比 82.07%，从事工业品网络销售的农户占比比从事农产品网络销售的高 30.68 个百分点。

从使用京东商城看，从事农产品网络销售的农户占比 10.42%，从事工业品网络销售的农户占比 7.34%，从事农产品网络销售的农户占比比从事工业品网络销售的高出 3.08 个百分点。

从使用拼多多看，从事农产品网络销售的农户占比 15.97%，从事工业品网络销售的农户占比 43.41%，从事工业品网络销售的农户占比比从事农产品网络销售的高出 27.44 个百分点。

从使用微信看，从事农产品网络销售的农户占比 76.39%，从事工业品网络销售的农户占比 40.17%，从事农产品网络销售的农户占比比从事工业品网络销售的高出 36.22 个百分点，具体见表 5-10。

表 5-10　农产品与工业品网络销售的农户运用网络平台情况

| 网络平台 | 有效样本（个） | | | |
| | 网络销售农产品的农户 144 | | 网络销售工业品的农户 463 | |
	农户（个）	百分比（%）	农户（个）	百分比（%）
淘宝网（天猫、1688）	74	51.39	380	82.07
京东商城	15	10.42	34	7.34

（续）

网络平台	有效样本（个）			
	网络销售农产品的农户		网络销售工业品的农户	
	144		463	
	农户（个）	百分比（%）	农户（个）	百分比（%）
拼多多	23	15.97	201	43.41
微信	110	76.39	186	40.17
其他	4	2.78	40	8.64

注：数据来源于调查问卷。

以上数据分析显示，使用微信从事农产品网络销售的农户比例较高，而使用淘宝网（天猫、1688）从事工业品网络销售的农户比例较高。此外，使用像eaby、抖音、速卖通、亚马逊、WISH、YY快手、集酷、唯品会等新媒体新平台从事工业品网络销售的农户相对较多。

5.1.2.8 农户网络销售的产品生产地差异性分析

从农户网络销售的产品生产地为本村看，网络销售农产品的农户占比为59.03%，网络销售工业品的农户占比为17.71%，网络销售农产品的农户占比高出网络销售工业品的农户占比41.32个百分点。

从农户网络销售的产品生产地为本镇看，网络销售农产品的农户占比为10.42%，网络销售工业品的农户占比为21.17%，网络销售工业品的农户占比高出网络销售农产品的农户占比10.75个百分点。

从农户网络销售的产品生产地为本县看，网络销售农产品的农户占比为9.03%，网络销售工业品的农户占比为17.49%，网络销售工业品的农户占比高出网络销售农产品的农户占比8.46个百分点。

从农户网络销售的产品生产地为本市看，没有网络销售农产品的农户，网络销售工业品的农户占比偏低，仅为1.94%。

从农户网络销售的产品生产地为本省看，网络销售农产品的农户占比为4.17%，网络销售工业品的农户占比为11.45%，网络销售工业品的农户占比高出网络销售农产品的农户占比7.28个百分点。

从农户网络销售的产品生产地为全国看，网络销售农产品的农户占比为17.36%，网络销售工业品的农户占比为29.37%，网络销售工业品的农户占比高出网络销售农产品的农户占比12.01个百分点。

从农户网络销售的产品生产地为全球看，没有网络销售的农产品生产地为全球的农户，网络销售的工业品生产地为全球的农户占比偏低，仅为 0.86%。

以上数据见表 5-11。调研数据分析显示，农户网络销售的农产品生产地在本村的比例较高，而农户网络销售的工业品生产地在本镇、本县、本省、全国的占比较高。整合社会资源，吸引更多优质的要素资源流入乡村，发展富民产业，以村企合作、异地开发、多村联营等多种方式实施"飞地抱团"，是乡村建设中优化资源配置、促进区域共富发展的重要路径。

表 5-11　农户网络销售的农产品与工业品的生产地情况

产品生产地	有效样本（个）			
	网络销售农产品的农户 144		网络销售工业品的农户 463	
	农户（个）	百分比（%）	农户（个）	百分比（%）
本村	85	59.03	82	17.71
本镇	15	10.42	98	21.17
本县（县级市）	13	9.03	81	17.49
本地级市	/	/	9	1.94
本省	6	4.17	53	11.45
全国	25	17.36	136	29.37
全球	/	/	4	0.86

注：数据来源于调查问卷。

5.1.2.9　农户网络销售的产品销往地差异性分析

从农户网络销售的产品销往地为本镇看，没有网络销售农产品的农户，而网络销售工业品到本镇的农户占比偏低，仅为 0.65%。

从农户网络销售的产品销往地为本县看，网络销售农产品与工业品的农户占比均较低，分别为 0.69%、0.43%。

从农户网络销售的产品销往地为本市看，网络销售农产品的农户占比为 7.64%，网络销售工业品的农户占比仅为 0.22%。

从农户网络销售的产品销往地为本省看，网络销售农产品的农户占比为 6.94%，没有网络销售工业品的产品销往地仅为本省的农户。

从农户网络销售的产品销往地为全国看，网络销售农产品的农户占比为 81.94%，网络销售工业品的农户占比为 87.04%，网络销售工业品的农户占比高出网络销售农产品的农户占比 5.10 个百分点。

从农户网络销售的产品销往地为全球看，网络销售农产品的农户占比为 2.78%，网络销售工业品的农户占比为 11.66%，网络销售工业品的农户占比高出网络销售农产品的农户占比 8.88 个百分点，具体数据见表 5-12。

以上数据分析显示，网络销售农产品在本省范围的农户占比要高于网络销售工业品的农户占比。农户网络销售农产品与工业品销往地主要为全国范围，其中，网络销售工业品的农户占比相对较高。

表 5-12　农户网络销售的产品销往地情况

产品销往地	有效样本（个）			
	网络销售农产品的农户		网络销售工业品的农户	
	144		463	
	农户（个）	百分比（%）	农户（个）	百分比（%）
本镇内	/	/	3	0.65
本县（县级市）内	1	0.69	2	0.43
本地级市内	11	7.64	1	0.22
本省内	10	6.94	/	/
全国	118	81.94	403	87.04
全球	4	2.78	54	11.66

注：数据来源于调查问卷。

5.1.2.10　农户获得政府支持差异性分析

从网络销售产品的农户是否获得政府支持情况看，从事农产品网络销售获得政府支持的农户比例为 33.33%，从事工业品网络销售的农户比例为 30.80%，从事农产品网络销售的农户比例比从事工业品网络销售的农户比例高出 2.53 个百分点，具体数据见表 5-13。

表 5-13　农产品与工业品网络销售的农户是否获得政府支持情况

政府支持情况	有效样本（个）			
	网络销售农产品的农户		网络销售工业品的农户	
	144		461	
	农户（个）	百分比（%）	农户（个）	百分比（%）
是	48	33.33	142	30.80
否	96	66.67	319	69.20

注：数据来源于调查问卷。

以上数据分析显示，农户从事农产品网络销售获得政府支持比例相对较高，而从事工业品网络销售农户获得政府支持比例相对较低。

从网络销售产品的农户获得财政补贴情况看，从事农产品网络销售的农户比例为12.50%，从事工业品网络销售的农户比例为8.64%，从事农产品网络销售的农户比例比从事工业品网络销售的农户比例高出3.86个百分点。

从网络销售产品的农户获得政府培训情况看，从事农产品网络销售的农户比例为24.31%，从事工业品网络销售的农户比例为20.73%，从事农产品网络销售的农户比例比从事工业品网络销售的农户比例高出3.58个百分点。

从网络销售产品的农户获得税收减免情况看，从事农产品网络销售的农户比例为3.47%，从事工业品网络销售的农户比例为6.48%，从事工业品网络销售的农户比例比从事农产品网络销售的农户比例高出3.01个百分点。

从网络销售产品的农户获得贷款优惠情况看，从事农产品网络销售的农户比例为5.56%，从事工业品网络销售的农户比例为7.56%，从事工业品网络销售的农户比例比从事农产品网络销售的农户比例高出2.00个百分点。

从网络销售产品的农户获得土地支持情况看，从事农产品网络销售的农户比例为9.72%，从事工业品网络销售的农户比例为4.32%，从事农产品网络销售的农户比例比从事工业品网络销售的农户比例高出5.40个百分点。

此外，从事农产品网络销售的农户获得诸如场地支持、房子补贴、房屋租金、仓储、资源等方面支持的农户比例小于从事工业品网络销售的农户比例2.98个百分点，具体数据见表5-14。

表 5-14　农产品与工业品网络销售的农户获得政府支持情况

政府支持情况	有效样本（个）			
	网络销售农产品的农户 144		网络销售工业品的农户 463	
	农户（个）	百分比（%）	农户（个）	百分比（%）
财政补助	18	12.50	40	8.64
培训	35	24.31	96	20.73
税收减免	5	3.47	30	6.48
贷款优惠	8	5.56	35	7.56
土地支持	14	9.72	20	4.32
其他	1	0.69	17	3.67

注：数据来源于调查问卷。

以上数据分析显示，从事农产品网络销售获得财政补助、培训、土地支持的农户比例较高，从事工业品网络销售获得税收减免、贷款优惠的农户比例较高。有学者研究发现，政府扶持农产品电商发展的政策具有显著的积极意义，在控制了农产品电商是否享受国家和地方政府相关扶持政策内生性问题后，政府扶持农产品电商发展政策的有效性进一步增强。

从网络销售产品的农户获得财政补贴资金情况看，农户从事农产品网络销售获得财政补贴资金最低为 0.2 万元，最高为 500 万元；而农户从事工业品网络销售获得财政补贴资金最低为 0.1 万元，最高为 10 万元，具体数据见表 5-15。

表 5-15　网络销售农产品与工业品的农户获得财政补贴资金情况（万元）

补贴金额	有效样本（个）	
	网络销售农产品的农户	网络销售工业品的农户
	18	**40**
最低	0.2	0.1
最高	500	10

注：数据来源于调查问卷。

以上数据分析显示，相比较而言，农户从事农产品网络销售获得财政补贴资金较多。这是因为政府加大了对农产品电商的扶持力度，以推动农产品电子商务发展，促进农户增收。

5.1.2.11　农户从事网络销售年份、投入差异性分析

（1）农户从事网络销售年份差异性分析

从农户从事网络销售年份看，在 2006—2010 年期间，从事农产品网络销售的农户比例为 4.86%，从事工业品网络销售的农户比例为 15.33%，从事工业品网络销售的农户比例比从事农产品网络销售的农户比例高出 10.47 个百分点。在 2011—2015 年期间，从事农产品网络销售的农户比例为 43.75%，从事工业品网络销售的农户比例为 35.64%，从事农产品网络销售的农户比例比从事工业品网络销售的农户比例高出 8.11 个百分点。在 2016—2018 年期间，从事农产品网络销售的农户比例为 51.39%，从事工业品网络销售的农户比例为 27.43%，从事农产品网络销售的农户比例比从事工业品网络销售的农户比例高出 23.96 个百分点，具体数据见表 5-16。

表 5 - 16　农产品与工业品网络销售的农户从事网络销售时间情况

销售年份	有效样本（个）			
	网络销售农产品的农户 144		网络销售工业品的农户 463	
	农户（个）	百分比（%）	农户（个）	百分比（%）
2006—2010 年	7	4.86	71	15.33
2011—2015 年	63	43.75	165	35.64
2016—2018 年	74	51.39	127	27.43

注：数据来源于调查问卷。

以上数据分析显示，在农产品电子商务发展早期，从事农产品网络销售的农户比例相对较低，随着时间的推移，从事农产品网络销售的农户比例逐渐超过了从事工业品网络销售的农户比例。调研发现，政府部门加大了对农产品电子商务的扶持力度，从而推动了农产品上行。

（2）农户从事网络销售投入资金差异性分析

从农户从事网络销售当年平均投入资金看，农户从事农产品网络销售当年平均投入的资金为 14.14 万元，农户从事工业品网络销售的为 20.03 万元，农户从事工业品网络销售的投入资金比农户从事农产品网络销售的多 5.89 万元。

从 2018 年农户从事网络销售平均投入资金看，从事农产品网络销售投入资金为 63.79 万元，从事工业品网络销售投入资金为 38.40 万元，农户从事农产品网络销售的投入资金比从事工业品网络销售的多 25.39 万元，具体见表 5 - 17。

表 5 - 17　平均当年与 2018 年农户从事农产品与工业品网络销售资金投入情况（万元）

资金投入	网络销售农产品的农户		网络销售工业品的农户	
	金额	有效样本（个）	金额	有效样本（个）
平均当年投入	14.14	86	20.03	442
平均 2018 年投入	63.79	85	38.40	432

注：数据来源于调查问卷。

以上数据分析显示，农户从事工业品网络销售当年投入资金相对较高；2018 年农户从事农产品网络销售投入资金相对较高。

从当年投入资金在 1 万元及以下的从事网络销售的农户看，从事农产品网络销售的农户比例为 24.42%，从事工业品网络销售的农户比例为 18.78%，从事农产品网络销售的农户比例比从事工业品网络销售的农户比例高 5.64 个百分点。

从当年投入资金在 1 万元以上至 5 万元的从事网络销售的农户看，从事农产品网络销售的农户比例为 32.56%，从事工业品网络销售的农户比例为 32.58%，二者几乎相当。

从当年投入资金在 5 万元以上至 10 万元的从事网络销售的农户看，从事农产品网络销售的农户比例为 30.23%，从事工业品网络销售的农户比例为 21.27%，从事农产品网络销售的农户比例比从事工业品网络销售的农户比例高 8.96 个百分点。

从当年投入资金在 10 万元以上至 20 万元的从事网络销售的农户看，从事农产品网络销售的农户比例为 4.65%，从事工业品网络销售的农户比例为 12.67%，从事工业品网络销售的农户比例高出从事农产品网络销售的农户比例 8.02 个百分点。

从当年投入资金在 20 万元以上至 50 万元的从事网络销售的农户看，从事农产品网络销售的农户比例为 4.65%，从事工业品网络销售的农户比例为 9.95%，从事工业品网络销售的农户比例高出从事农产品网络销售的农户比例 5.30 个百分点。

从当年投入资金在 50 万元以上至 100 万元的从事网络销售的农户看，从事农产品网络销售的农户比例为 2.33%，从事工业品网络销售的农户比例为 3.17%，从事工业品网络销售的农户比例高出从事农产品网络销售的农户比例 0.84 个百分点。

从当年投入资金在 100 万元以上的从事网络销售的农户看，从事农产品网络销售的农户比例为 1.16%，从事工业品网络销售的农户比例为 1.58%，二者均比较偏低。具体数据见表 5 - 18。

表 5 - 18　当年投入资金数量的从事农产品与工业品网络销售的农户比例情况

投入资金	有效样本（个）			
	网络销售农产品的农户 86		网络销售工业品的农户 442	
	农户（个）	百分比（%）	农户（个）	百分比（%）
1 万元及以下	21	24.42	83	18.78
1 万～5 万元	28	32.56	144	32.58

（续）

投入资金	有效样本（个）			
	网络销售农产品的农户		网络销售工业品的农户	
	86		442	
	农户（个）	百分比（%）	农户（个）	百分比（%）
5万~10万元	26	30.23	94	21.27
10万~20万元	4	4.65	56	12.67
20万~50万元	4	4.65	44	9.95
50万~100万元	2	2.33	14	3.17
100万元以上	1	1.16	7	1.58

注：数据来源于调查问卷。

以上数据分析显示，投入资金在10万元以下的从事农产品网络销售的农户比例相对较高，而投入资金在10万元以上的从事工业品网络销售的农户比例相对较高。

从2018年投入资金在1万元及以下的从事网络销售的农户看，从事农产品网络销售的农户比例为9.41%，从事工业品网络销售的农户比例为6.25%，从事农产品网络销售的农户比例高于从事工业品网络销售的农户比例3.16个百分点。

从2018年投入资金在1万元以上至5万元的从事网络销售的农户看，从事农产品网络销售的农户比例为27.06%，从事工业品网络销售的农户比例为22.22%，从事农产品网络销售的农户比例高于从事工业品网络销售的农户比例4.84个百分点。

从2018年投入资金在5万元以上至10万元的从事网络销售的农户看，从事农产品网络销售的农户比例为20.00%，从事工业品网络销售的农户比例为20.60%，二者几乎相当。

从2018年投入资金在10万元以上至20万元的从事网络销售的农户看，从事农产品网络销售的农户比例为24.71%，从事工业品网络销售的农户比例为18.52%，从事农产品网络销售的农户比例高出从事工业品网络销售的农户比例6.19个百分点。

从2018年投入资金在20万元以上至50万元的从事网络销售的农户看，从事农产品网络销售的农户比例为8.24%，从事工业品网络销售的农户比例为19.21%，从事工业品网络销售的农户比例高出从事农产品网络销售的农户比例 10.97 个百分点。

从 2018 年投入资金在 50 万元以上至 100 万元的从事网络销售的农户看，从事农产品网络销售的农户比例为 2.35%，从事工业品网络销售的农户比例为 6.71%，从事工业品网络销售的农户比例高出从事农产品网络销售的农户比例 4.36 个百分点。

从 2018 年投入资金在 100 万元以上的从事网络销售的农户看，从事农产品网络销售的农户比例为 8.24%，从事工业品网络销售的农户比例为 6.48%，从事农产品网络销售的农户比例高出从事工业品网络销售的农户比例 1.76 个百分点。具体数据见表 5-19。

表 5-19　从事农产品与工业品网络销售的农户 2018 年投入资金的情况

投入资金情况	有效样本（个）			
	网络销售农产品的农户 85		网络销售工业品的农户 432	
	农户（个）	百分比（%）	农户（个）	百分比（%）
1 万元及以下	8	9.41	27	6.25
1 万～5 万元	23	27.06	96	22.22
5 万～10 万元	17	20.00	89	20.60
10 万～20 万元	21	24.71	80	18.52
20 万～50 万元	7	8.24	83	19.21
50 万～100 万元	2	2.35	29	6.71
100 万元以上	7	8.24	28	6.48

注：数据来源于调查问卷。

以上数据分析显示，在 2018 年，投入资金在 20 万元及以下的从事农产品网络销售的农户比例相对较高，而投入资金在 20 万元及以上但少于 100 万元的从事工业品网络销售的农户比例相对较高。

5.1.2.12　农户网络销售额差异性分析

从农户从事网络销售之前的平均销售额看，从事农产品网络销售的销售额为 117.57 万元，从事工业品网络销售的为 165.80 万元，从事工业品网络销售的销售额比从事农产品网络销售的多 48.23 万元。

从农户从事网络销售 2018 年的平均销售额看，从事农产品网络销售的销售额为 188.56 万元，从事工业品网络销售的为 341.33 万元，从事工业品网络销售的销售额比从事农产品网络销售的多 152.77 万元。

从与之前增长率相比来看，截至 2018 年，从事农产品网络销售农户的销售额增长率达 60.38%，而从事工业品网络销售农户的销售额增长率达 105.87%，从事工业品网络销售农户的销售额增长率比从事农产品网络销售的高出 45.49 个百分点，具体数据见表 5-20。

表 5-20　农户从事农产品与工业品网络销售之前与 2018 年的平均销售额情况

变量名称	网络销售农产品的农户		网络销售工业品的农户	
	金额（万元）	有效样本（个）	金额（万元）	有效样本（个）
从事网络销售之前的销售额	117.57	70	165.80	236
2018 年的销售额	188.56	144	341.33	462

注：数据来源于调查问卷。

调研数据分析显示，发展农产品电子商务带来了农户产品网络销量增加，其中，农户从事工业品网络销售额增长率相对较高，而农户从事农产品网络销售额增长率相对较低。

从农户使用微信从事网络销售平均销量比重看，农户使用微信从事农产品网络销售的销量比重为 44.33%，农户从事工业品网络销售的销量比重为 26.75%，农户从事农产品网络销售的销量比重比农户从事工业品的销量比重多 17.58 个百分点，具体数据见表 5-21。

表 5-21　农户使用微信从事农产品与工业品网络销售平均销量比重情况

变量名称	网络销售农产品的农户		网络销售工业品的农户	
	比重（%）	有效样本（个）	比重（%）	有效样本（个）
平均微信销量比重	44.33	110	26.75	186

注：数据来源于调查问卷。

以上数据分析显示，农户使用微信从事农产品网络销售平均销量比重高于农户使用微信从事工业品网络销售平均销量比重。

从平均销往国外比重看，农户从事农产品网络销售的比重为 12.50%，农户从事工业品网络销售的比重为 33.66%，农户从事工业品网络销售的比重比从事农产品网络销售的比重多 21.16 个百分点，具体数据见表 5-22。

以上数据分析显示，农户从事工业品网络销售产品销往国外的比重高于农户从事农产品网络销售的。

表 5 - 22　农户从事农产品与工业品网络销售平均销往国外比重情况

变量名称	网络销售农产品的农户		网络销售工业品的农户	
	比重（%）	有效样本（个）	比重（%）	有效样本（个）
平均销往国外比重	12.50	2	33.66	68

注：数据来源于调查问卷。

5.1.2.13　农户网络销售产品来源差异性分析

从农户网络销售的产品全部自家生产看，网络销售农产品的农户占比为 44.44%，网络销售工业品的农户占比为 13.61%，网络销售农产品的农户占比高出网络销售工业品的农户占比 30.83 个百分点。

从农户网络销售的产品全部从供应商采购看，网络销售农产品的农户占比为 31.25%，网络销售工业品的农户占比为 66.52%，网络销售工业品的农户占比高出网络销售农产品的农户占比 35.27 个百分点。

从农户网络销售的产品部分自家生产与部分从供应商采购看，网络销售农产品的农户占比为 24.31%，网络销售工业品的农户占比为 19.87%，网络销售农产品的农户占比高出网络销售工业品的农户占比 4.44 个百分点，具体数据见表 5 - 23。

表 5 - 23　农户网络销售的农产品与工业品来源情况

产品来源情况	有效样本（个）			
	网络销售农产品的农户		网络销售工业品的农户	
	144		463	
	农户（个）	百分比（%）	农户（个）	百分比（%）
全部自家生产	64	44.44	63	13.61
全部从供应商采购	45	31.25	308	66.52
部分自家生产，部分从供应商采购	35	24.31	92	19.87

注：数据来源于调查问卷。

数据分析显示，网络销售农产品全部自家生产、部分自家生产与部分从供应商采购的农户比重均较高，而网络销售工业品全部从供应商采购的农户比重较高。

从农户从供应商部分采购比重看，农户网络销售农产品的采购比重为

57.29％，农户网络销售工业品的采购比重为 48.28％，农户网络销售农产品的采购比重比农户网络销售工业品的采购比重多 9.01 个百分点，具体数据见表 5-24。

表 5-24　农户网络销售农产品与工业品平均从供应商采购比重情况

变量名称	有效样本（个）	
	网络销售农产品的农户	网络销售工业品的农户
	35	92
平均从供应商采购比重（％）	57.29	48.28

注：数据来源于调查问卷。

数据分析显示，相比较而言，农户网络销售农产品从供应商部分采购比重相对较高，而农户网络销售工业品从供应商部分采购比重相对较低。

5.1.2.14　农户网络销售产品品牌差异性分析

从农户网络销售产品属于自己注册的品牌看，30.56％农户网络销售的农产品属于自己注册的品牌，52.70％农户网络销售的工业品属于自己注册的品牌，网络销售工业品的农户比例比网络销售农产品的农户比例高出 22.14 个百分点。

从农户网络销售产品属于县域公共品牌看，19.44％农户网络销售的农产品属于县域公共品牌，1.30％农户网络销售的工业品属于县域公共品牌，网络销售农产品的农户比例比网络销售工业品的农户比例高出 18.14 个百分点。

从农户网络销售产品属于市域公共品牌看，网络销售农产品与工业品属于市域公共品牌的农户比例均偏低，分别为 2.08％、1.73％。

从农户网络销售产品属于他人注册的品牌看，18.06％农户网络销售的农产品属于他人注册的品牌，34.34％农户网络销售的工业品属于他人注册的品牌，网络销售工业品的农户比例比网络销售农产品的农户比例高出 16.28 个百分点。具体数据见表 5-25。

表 5-25　农户网络销售农产品与工业品品牌情况

品牌情况	有效样本（个）			
	网络销售农产品的农户		网络销售工业品的农户	
	144		463	
	农户（个）	百分比（％）	农户（个）	百分比（％）
自己注册的品牌	44	30.56	244	52.70

（续）

品牌情况	有效样本（个）			
	网络销售农产品的农户		网络销售工业品的农户	
	144		463	
	农户（个）	百分比（%）	农户（个）	百分比（%）
县域公共品牌	28	19.44	6	1.30
市域公共品牌	3	2.08	8	1.73
他人注册的品牌	26	18.06	159	34.34
没有品牌	50	34.72	57	12.31

注：数据来源于调查问卷。

以上数据分析显示，农户网络销售农产品品牌度比例相对较高，其中主要是自己注册的品牌；而农户网络销售工业品品牌比例相对较低，其中自己注册的品牌比例相对较高。

5.1.2.15 农户工商注册差异性分析

从农户注册为个体工商户看，27.08%从事农产品网络销售的农户注册为个体工商户，37.80%从事工业品网络销售的农户注册为个体工商户，从事工业品网络销售的农户比例比从事农产品网络销售的农户比例高出 10.72 个百分点。

从农户注册为公司看，24.31%从事农产品网络销售的农户注册为公司，47.30%从事工业品网络销售的农户注册为公司，从事工业品网络销售的农户比例比从事农产品网络销售的农户比例高出 22.99 个百分点。

从农户没有注册看，48.61%从事农产品网络销售的农户没有注册，14.90%从事工业品网络销售的农户没有注册，从事农产品网络销售的农户比例比从事工业品网络销售的农户比例高出 33.71 个百分点，具体数据见表 5-26。

表 5-26 从事网络销售农产品与工业品的农户工商注册情况

注册情况	有效样本（个）			
	网络销售农产品的农户		网络销售工业品的农户	
	144		463	
	农户（个）	百分比（%）	农户（个）	百分比（%）
注册为个体工商户	39	27.08	175	37.80
注册为公司	35	24.31	219	47.30
没有注册	70	48.61	69	14.90

注：数据来源于调查问卷。

以上数据分析显示，从事工业品网络销售并有工商注册的农户占比相对较高，其中注册为公司的农户比例相对较高。

5.1.2.16 农户网络销售产品认证差异性分析

从总体认证情况看，34.72％农户网络销售的农产品得到认证，61.77％农户网络销售的工业品得到认证，网络销售的工业品得到认证的农户比例高出网络销售的农产品得到认证的农户比例27.05个百分点。

从行业认证情况看，32.64％农户网络销售的农产品得到行业认证，41.68％农户网络销售的工业品得到行业认证，网络销售工业品的农户比例高出网络销售农产品的农户比例9.04个百分点。

从国家认证情况看，3.47％农户网络销售的农产品得到国家认证，27.86％农户网络销售的工业品得到国家认证，网络销售工业品的农户比例高出网络销售农产品的农户比例24.39个百分点。

从国际认证情况看，没有网络销售农产品得到国际认证的农户，而网络销售工业品得到国际认证的农户比例偏低，为2.59％，具体数据见表5-27。

表 5-27 农户网络销售的农产品与工业品产品认证情况

认证情况	有效样本（个）			
	网络销售农产品的农户		网络销售工业品的农户	
	144		463	
	农户（个）	百分比（％）	农户（个）	百分比（％）
行业认证	47	32.64	193	41.68
国家认证	5	3.47	129	27.86
国际认证	/	/	12	2.59
没有认证	94	65.28	177	38.23

注：数据来源于调查问卷。

以上数据分析显示，农户网络销售工业品得到认证的比例相对较高，而农户网络销售农产品得到认证的比例相对较低。因此，应加强农产品认证，推动更多农产品实现网络销售的竞争优势。

5.1.2.17 农户从事网络销售（网店）的雇员情况差异性分析

从农户从事网络销售（网店）的雇员情况看，网络销售农产品和工业品的农户平均雇用员工人数均为5.84人。其中，网络销售农产品的农户雇用家人2.27人，网络销售工业品的农户雇用家人1.78人，网络销售农产品的农户比网络销售工业品的农户雇用家人多 0.49 人。

网络销售农产品的农户平均雇用亲朋 1.80 人，网络销售工业品的农户平均雇用亲朋 2.21 人，网络销售工业品的农户比网络销售农产品的农户平均雇用亲朋多 0.41 人。

网络销售农产品的农户平均雇用村民 7.53 人，网络销售工业品的农户平均雇用村民 3.10 人，网络销售农产品的农户比网络销售工业品的农户平均雇用村民多 4.43 人。

网络销售农产品的农户平均外聘人员 6.89 人，网络销售工业品的农户平均外聘人员 6.46 人，网络销售农产品的农户比网络销售工业品的农户平均外聘人员多 0.43 人。

网络销售农产品的农户雇员人均工资 4.04 万元，网络销售工业品的农户雇员人均工资 5.32 万元，网络销售工业品的农户比网络销售农产品的农户雇员人均工资多 1.28 万元。

网络销售农产品的农户雇用本科及以上学历人数 6.30 人，网络销售工业品的农户雇用本科及以上学历人数 4.20 人，网络销售农产品的农户比网络销售工业品的农户平均雇用本科及以上学历人数多 2.10 人。

网络销售农产品的农户雇用技术人员 3.20 人，网络销售工业品的农户雇用技术人员 2.41 人，网络销售工业品的农户比网络销售农产品的农户雇用技术人员少 0.78 人。

网络销售农产品的农户雇用返乡人员 4.22 人，网络销售工业品的农户雇用返乡人员 3.93 人，网络销售工业品的农户比网络销售农产品的农户雇用返乡人员少 0.29 人，具体数据见表 5-28。

表 5-28　从事农产品与工业品网络销售的农户雇员情况

人数及工资	网络销售农产品的农户		网络销售工业品的农户	
	有效样本（个）	平均数	有效样本（个）	平均数
员工	61	5.84	307	5.84
其中：家人	37	2.27	165	1.78
亲朋	10	1.80	70	2.21
村民	19	7.53	68	3.10
外聘	19	6.89	175	6.46

（续）

人数及工资	网络销售农产品的农户		网络销售工业品的农户	
	有效样本（个）	平均数	有效样本（个）	平均数
每人平均工资（万元）	51	4.04	278	5.32
本科及以上学历	10	6.30	127	4.20
技术人员	5	3.20	71	2.41
返乡	9	4.22	60	3.93

注：数据来源于调查问卷。

以上数据分析显示，从事农产品网络销售的农户在雇用家人人数、雇用村民人数、外聘人数、雇用本科及以上学历人数、雇用技术人员、雇用返乡人员等方面比例均相对较高，从事工业品网络销售的农户雇用亲朋人数、雇员人均工资等方面均相对较高。因此，应大力发展农产品电子商务，促进更多农户创业就业。

5.1.2.18 农户从事网络销售（网店）资金投入差异性分析

从 2018 年农户从事网络销售（网店）的物流资金投入情况看，农户从事农产品网络销售（网店）的物流平均资金投入为 10.62 万元，农户从事工业品网络销售（网店）的为 21.43 万元，农户从事工业品网络销售（网店）比农户从事农产品网络销售（网店）的物流资金投入多 10.81 万元。

从 2018 年农户从事网络销售（网店）的产品包装资金总投入情况看，从事农产品网络销售（网店）的产品包装资金总投入为 18.38 万元，从事工业品网络销售（网店）的为 7.47 万元，农户从事农产品网络销售（网店）比农户从事工业品网络销售（网店）的产品包装资金总投入多 10.91 万元。

从 2018 年农户从事网络销售（网店）的宽带资金总投入情况看，农户从事农产品网络销售（网店）的宽带资金总投入为 1 275.27 元，农户从事工业品的为 2 175.90 元，农户从事工业品的比农户从事农产品网络销售（网店）的宽带资金总投入多 900.63 元。

从 2018 年农户从事网络销售（网店）的第三方服务资金总投入情况看，农户从事农产品网络销售（网店）的第三方服务资金总投入为 25 313.33 元，农户从事工业品网络销售（网店）的为 26 692.57 元，农户从事工业品网络销售（网店）的比从事农产品网络销售（网店）的资金总投入多 1 379.24 元。

从农户从事网络销售（网店）的网上商品、网店店铺广告推广资金总投入情况看，农户从事农产品网络销售（网店）的推广资金总投入为 24.53 万元，农户从事工业品网络销售（网店）的推广资金总投入为 38.08 万元，农户从事工业品网络销售（网店）的网上商品、网店店铺广告推广资金总投入比农户从事农产品网络销售（网店）的资金总投入多 13.55 万元。

从农户从事网络销售（网店）的学习培训电商知识技能费用情况看，农户从事农产品网络销售（网店）的学习费用为 5.18 万元，农户从事工业品网络销售（网店）的学习费用为 2.70 万元，从事农产品网络销售（网店）的农户比从事工业品网络销售（网店）的学习费用多 2.48 万元。

从农户从事网络销售（网店）的员工电商培训资金投入情况看，农户从事农产品网络销售（网店）的员工电商培训资金投入为 9.14 万元，农户从事工业品网络销售（网店）的资金投入为 4.38 万元，农户从事农产品网络销售（网店）的比农户从事工业品网络销售（网店）的员工电商培训资金投入多 4.76 万元。

从农户从事网络销售（网店）的培训人数情况看，农户从事农产品网络销售（网店）的培训人数为 6.29 人，农户从事工业品网络销售（网店）的为 5.17 人，农户从事农产品网络销售（网店）的比农户从事工业品网络销售（网店）的培训人数多 1.12 人。

表 5-29 农户从事农产品与工业品网络销售投入情况比较

资金投入及培训人数	网络销售农产品的农户		网络销售工业品的农户	
	有效样本（个）	平均数	有效样本（个）	平均数
2018 年物流总投入（万元）	136	10.62	461	21.43
2018 年产品包装总投入（万元）	139	18.38	449	7.47
2018 年宽带总投入（元）	131	1 275.27	430	2 175.90
2018 年第三方服务总投入（元）	75	25 313.33	352	26 692.57

（续）

资金投入及培训人数	网络销售农产品的农户		网络销售工业品的农户	
	有效样本（个）	平均数	有效样本（个）	平均数
2018 年网上商品、网店店铺广告推广总投入（万元）	76	24.53	403	38.08
学习培训电商知识技能费用（万元）	23	5.18	126	2.70
员工电商培训投入（万元）	7	9.14	107	4.38
培训人数（人）	7	6.29	110	5.17

注：数据来源于调查问卷。

以上数据见表 5-29。根据调查数据分析显示，农户从事农产品网络销售（网店）的产品包装总投入、学习培训电商知识技能费用、员工电商培训投入、培训人数等方面均相对较高。而农户从事工业品网络销售（网店）的物流投入、农户从事网络销售（网店）的宽带总投入、从事网络销售（网店）的第三方服务总投入、从事网络销售（网店）的网上商品与网店店铺广告推广总投入等方面均相对较高。

5.1.2.19　农户从事网络销售（网店）的物流包裹费用差异性分析

从农户从事网络销售（网店）的第一年平均邮寄一份包裹费用情况看，农户从事农产品网络销售（网店）的第一年平均邮寄一份包裹费用为 8.77 元，农户从事工业品网络销售（网店）的为 15.56 元，农户从事工业品网络销售（网店）的比农户从事农产品网络销售（网店）的多 6.79 元。

从农户从事网络销售（网店）的 2018 年平均邮寄一份包裹费用情况看，农户从事农产品网络销售（网店）的为 6.84 元，农户从事工业品网络销售（网店）的为 14.41 元，农户从事工业品网络销售（网店）的比农户从事农产品网络销售（网店）的多 7.57 元。

从增长率看，同第一年比，农户从事农产品网络销售（网店）的 2018 年平均邮寄一份包裹费用降幅为 22.01%，农户从事工业品网络销售（网店）的 2018 年平均邮寄一份包裹费用降幅为 7.39%，具体数据见表 5-30。

以上数据分析显示，农户从事农产品网络销售（网店）的平均邮寄一份包裹费用相对便宜。

表5-30　农户从事农产品与工业品网络销售（网店）平均物流包裹费用情况（元）

物流包裹费用	网络销售农产品的农户		网络销售工业品的农户	
	有效样本（个）	平均数	有效样本（个）	平均数
第一年平均物流包裹费用	141	8.77	461	15.56
2018年平均物流包裹费用	142	6.84	461	14.41

注：数据来源于调查问卷。

5.1.2.20　农户从事网络销售（网店）每天经营时间差异性分析

从农户从事网络销售（网店）的平均每天用于经营的时间情况看，农户从事农产品网络销售（网店）的时间为8.31小时，农户从事工业品网络销售（网店）的时间为11.26小时，农户从事工业品网络销售（网店）比从事农产品网络销售（网店）的每天用于电商经营时间多2.95小时，具体数据见表5-31。

表5-31　农户从事农产品与工业品网络销售（网店）每天经营时间情况（％）

经营时间	网络销售农产品的农户		网络销售工业品的农户	
	有效样本（个）	平均数	有效样本（个）	平均数
平均每天经营时间	144	8.31	463	11.26

注：数据来源于调查问卷。

以上数据分析显示，农户从事工业品网络销售（网店）的平均每天用于电商经营时间相对较高，这也是工业品电子商务发展较好的原因之一。

5.1.2.21　农户从事网络销售（网店）学习电商知识途径差异性分析

从农户通过自学途径学习电商知识情况看，79.17％从事农产品网络销售的农户自学，81.64％从事工业品网络销售的农户自学，从事工业品网络销售农户自学比例高出从事农产品网络销售的农户自学比例2.47个百分点。

从农户通过向亲戚、朋友等熟人途径学习电商知识情况看，68.06％从事农产品网络销售的农户通过向亲戚、朋友等熟人途径学习电商知识，50.54％从事工业品网络销售的农户通过向亲戚、朋友等熟人途径学习，从事农产品网络销售的农户比例高出从事工业品网络销售的农户比例17.52个百分点。

从农户通过参与政府组织的培训途径学习电商知识情况看，23.61％从事农产品网络销售的农户通过参与政府组织的培训途径学习电商知识，20.73%从事工业品网络销售的农户通过参与政府组织的培训途径学习电商知识，从事农产品网络销售的农户比例高出从事工业品网络销售的农户比例2.88个百分点。

从农户通过参与社会机构组织的培训途径学习电商知识情况看，27.08%从事农产品网络销售的农户通过参与社会机构组织的培训途径学习电商知识，28.08%从事工业品网络销售的农户通过参与社会机构组织的培训途径学习电商知识，从事工业品网络销售的农户比例仅高出从事农产品网络销售的农户比例1.00个百分点。以上数据见表5-32。

表5-32　农户从事农产品与工业品网络销售学习电商知识途径情况

学习及培训	有效样本（个）			
	网络销售农产品的农户 144		网络销售工业品的农户 463	
	农户（个）	百分比（%）	农户（个）	百分比（%）
自学	114	79.17	378	81.64
向亲戚、朋友等熟人学习	98	68.06	234	50.54
参与政府组织的培训	34	23.61	96	20.73
参与社会机构组织的培训	39	27.08	130	28.08
其他	1	0.69	3	0.65

注：数据来源于调查问卷。

调查数据分析显示，通过自学、参与政府组织的培训、参与社会机构组织的培训途径学习电商知识从事农产品与工业品网络销售的农户比例几乎相当，而通过向亲戚与朋友等熟人途径学习电商知识并从事农产品网络销售的农户比例相对较高。

5.1.2.22　农户接受培训获得电商知识技能差异性分析

从农户通过培训获得网络操作知识技能情况看，从事农产品网络销售的农户比例为31.25%，从事工业品网络销售的农户比例为34.99%，从事工业品网络销售的农户比例比从事农产品网络销售的农户比例高出3.74个百分点。

从农户通过培训获得店铺运营知识技能情况看，从事农产品网络销售的农户比例为34.72%，从事工业品网络销售的农户比例为40.82%，从事工业品网络销售的农户比例比从事农产品网络销售的农户比例高出6.10个百分点。

从农户通过培训获得网络营销知识技能情况看，从事农产品网络销售的农户比例为 34.03%，从事工业品网络销售的农户比例为 39.09%，从事工业品网络销售的农户比例比从事农产品网络销售的农户比例高出 5.06 个百分点。

从农户通过培训获得商品摄影拍照知识技能情况看，从事农产品网络销售的农户比例为 23.61%，从事工业品网络销售的农户比例为 23.54%，二者几乎相当。

从农户通过培训获得商品表述知识情况看，从事农产品网络销售的农户比例为 23.61%，从事工业品网络销售的农户比例为 24.19%，从事工业品网络销售的农户比例比从事农产品网络销售的农户比例高出 0.58 个百分点。

从农户通过培训获得新媒体营销知识技能情况看，从事农产品网络销售的农户比例为 10.42%，从事工业品网络销售的农户比例为 15.77%，从事工业品网络销售的农户比例比从事农产品网络销售的农户比例高出 5.35 个百分点。

以上数据见表 5-33。调查数据分析显示，从事工业品网络销售的农户通过参与政府或社会机构组织的培训获得各类电商知识比例相对较高。

表 5-33　网络销售的农户接受培训获得电商知识技能情况

学习内容	有效样本（个）			
	网络销售农产品的农户 144		网络销售工业品的农户 463	
	农户（个）	百分比（%）	农户（个）	百分比（%）
网络操作	45	31.25	162	34.99
店铺运营	50	34.72	189	40.82
网络营销	49	34.03	181	39.09
商品摄影拍照	34	23.61	109	23.54
商品表述	34	23.61	112	24.19
新媒体营销	15	10.42	73	15.77
其他	1	0.69	5	1.08

注：数据来源于调查问卷。

5.1.2.23　农户从事网络销售最需要帮手知识技能差异性分析

从事农产品网络销售的农户最需要帮手知识技能前三名分别为营销策略、美工设计、客户服务，而从事工业品网络销售的农户最需要帮手知识技能前三名分别为营销策略、客户服务、美工设计，具体数据见表 5-34。

可见，从事农产品与工业品网络销售的农户最需要帮手知识技能包括营销策略、客户服务、美工设计。因此，发展网络销售要加强网络销售农户的营销策略、客户服务、美工设计等电商知识技能培训。

表 5 - 34　网络销售的农户最需要帮手知识技能前三名情况

知识技能排名	有效样本（个）			
	网络销售农产品的农户		网络销售工业品的农户	
	144		463	
	农户（个）	百分比（%）	农户（个）	百分比（%）
营销策略	70	48.61	212	45.79
美工设计	30	20.83	94	20.30
客户服务	26	18.06	118	25.49

注：数据来源于调查问卷。

5.1.2.24　农户是否依托载体发展农产品电子商务差异性分析

从网络销售的农户依托县级电子商务公共服务中心看，从事农产品网络销售的农户比例为 9.03%；从事工业品网络销售的农户比例为 21.60%；比较而言，从事工业品网络销售的农户比例比从事农产品网络销售的农户比例高出 12.57 个百分点。

从网络销售的农户是否考虑入驻电子商务（产业）园区看，从事农产品网络销售的农户比例为 26.39%；从事工业品网络销售的农户比例为 53.13%；比较而言，从事工业品网络销售的农户比例比从事农产品网络销售的农户比例高出 26.74 个百分点，具体数据见表 5 - 35、表 5 - 36。

以上数据分析显示，依托县级电子商务公共服务中心从事工业品网络销售的农户占比相对较高；考虑入驻电子商务（产业）园区从事工业品网络销售的农户比例相对较高。

表 5 - 35　网络销售的农户是否依托县级电子商务公共服务中心情况

依托县级电子商务公共服务中心	有效样本（个）			
	网络销售农产品的农户		网络销售工业品的农户	
	144		463	
	农户（个）	百分比（%）	农户（个）	百分比（%）
是	13	9.03	100	21.60
否	131	90.97	363	78.40

注：数据来源于调查问卷。

表 5 - 36　网络销售的农户是否考虑入驻电子商务（产业）园区情况

入驻电子商务（产业）园区	有效样本（个）			
	网络销售农产品的农户 144		网络销售工业品的农户 463	
	农户（个）	百分比（%）	农户（个）	百分比（%）
是	38	26.39	246	53.13
否	106	73.61	217	46.87

注：数据来源于调查问卷。

5.2　网络供货农产品与工业品的农户家庭收入及其影响因素差异性分析

5.2.1　网络供货农产品与工业品的农户家庭收入差异性分析

网络供货农产品的农户给网络销售商供货之前的家庭收入为 7.41 万元，供货第一年的家庭收入为 8.65 万元，同之前比，第一年的农户家庭收入增加了 1.24 万元，增长率为 16.73%；2018 年的网络供货农产品的农户家庭收入为 11.14 万元，同之前比，农户家庭收入增加了 3.73 万元，增长率为 50.34%；同第一年比，2018 年的农户家庭收入增加了 2.49 万元，增长率为 28.79%；2018 年网络收入为 6.32 万元，占农户家庭总收入的 56.73%，具体数据见表 5 - 37。

数据分析显示，从网络供货农产品的农户家庭收入来看，发展农产品电子商务带来了家庭收入增加。从给网络销售商供货时间看，供货初期对家庭收入贡献率相对较低，随着经营时间拉长，对农户家庭收入贡献率越来越高。也就是说，在其他条件不变的情况下，网络供货农产品的农户给网络销售商供货时间越长，对农户家庭收入贡献率越大。可见，给网络销售商供货的时间是影响农户家庭收入的重要因素。此外，网络供货收入对网络供货农产品的农户家庭收入贡献率较高。

网络供货工业品的农户给网络销售商供货之前的家庭收入为 37.33 万元，之后第一年的家庭收入为 46.74 万元，同之前比，第一年的农户家庭收入增加了 9.41 万元，增长率为 25.21%；2018 年的网络供货工业品的农户家庭收入为 75.28 万元，同之前比，家庭收入增加了 37.95 万元，增长率为 50.41%；

同第一年比，2018 年的农户家庭收入增加了 28.54 万元，增长率为 61.06％；2018 年网络收入为 45.38 万元，占农户家庭总收入的 60.28％，具体数据见表 5 - 37。

数据分析显示，从网络供货工业品的农户家庭收入来看，发展工业品电子商务带来了农户家庭收入增加。从给网络销售商供货时间看，供货初期对家庭收入贡献率相对较低，随着经营时间拉长，对家庭收入贡献率越来越高。也就是说，在其他条件不变的情况下，网络供货工业品的农户给网络销售商供货时间越长，对家庭收入贡献率越大。可见，给网络销售商供货的时间是影响农户家庭收入的重要因素。此外，网络供货收入对网络供货工业品的农户家庭收入贡献率较高。

表 5 - 37 网络供货的农户家庭收入情况（万元）

收入	网络供应农产品的农户		网络供应工业品的农户	
	金额	有效样本（个）	金额	有效样本（个）
给网商提供网货之前家庭收入	7.41	384	37.33	186
第一年家庭收入	8.65	392	46.74	192
2018 年家庭收入	11.14	393	75.28	192
2018 年网络收入	6.32	392	45.38	191

注：数据来源于调查问卷。

从横向看，同之前比，第一年的网络供货工业品的农户家庭收入增长率高于网络供货农产品的 8.48 个百分点。2018 年的网络供货农产品的农户与网络供货工业品的农户家庭收入增长几乎相当。同第一年比，2018 年的网络供货工业品的农户家庭收入增长率比网络供货农产品的高出 32.27 个百分点。2018 年的网络供货工业品的网络收入占家庭总收入比重比网络供货农产品的高 3.55 个百分点。可见，从提供网货收入占家庭收入比重看，网络供货农产品的农户与网络供货工业品的农户相比，其网络收入对家庭收入贡献率相对较低。

5.2.2 网络供货农产品与工业品的农户家庭收入影响因素差异性分析

5.2.2.1 农户全职与兼职差异性分析

从全职看，全职从事网络供货农产品的农户比例为 26.21％，从事网络供货工业品的农户比例为 56.77％，从事网络供货工业品的农户比例比从事网络供货农产品的农户比例高出 30.56 个百分点。

从兼职看，兼职从事网络供货农产品的农户比例为 73.79%，从事网络供货工业品的农户比例为 43.23%，从事网络供货农产品的农户比例比从事网络供货工业品的农户比例高出 30.56 个百分点，具体数据见表 5-38。

表 5-38　网络供货农产品与工业品的农户全职、兼职情况

全职、兼职情况	有效样本（个）			
	网络供应农产品的农户		网络供应工业品的农户	
	393		192	
	农户（个）	百分比（%）	农户（个）	百分比（%）
全职	103	26.21	109	56.77
兼职	290	73.79	83	43.23

注：数据来源于调查问卷。

以上数据分析显示，相比较而言，全职从事网络供货工业品的农户占比较高，而兼职从事网络供货农产品的农户比例较高。

5.2.2.2　主体差异性分析

从网络供货的主体为普通农户看，网络供货农产品的农户占比为 92.11%，网络供货工业品的农户占比为 9.38%，网络供货农产品的农户比例比网络供货工业品的农户比例高出 82.73 个百分点。

从网络供货的主体为农业规模经营户看，网络供货农产品的农户占比为 6.36%，网络供货工业品的农户占比为 0.52%，网络供货农产品的农户占比比网络供货工业品的农户占比高出 5.84 个百分点。

从网络供货的主体为合作社看，网络供货农产品的农户占比为 0.51%，没有网络供货工业品的主体为合作社的农户。

从网络供货的主体为生产企业看，网络供货农产品的农户占比仅为 0.51%，网络供货工业品的农户占比为 53.13%，网络供货工业品的农户比例要远远高于网络供货农产品的农户比例。

从网络供货的主体为中间商看，网络供货农产品的农户占比仅为 0.51%，网络供货工业品的农户占比为 36.46%，网络供货工业品的农户比例要远远高于网络供货农产品的农户比例。

具体数据见表 5-39。以上数据分析显示，网络供货工业品的主体以生产企业、中间商为主；网络供货农产品的主体以普通农户、农业规模经营户为主。

表 5-39 网络供货的主体情况

供货主体	有效样本（个）			
	网络供应农产品的农户 393		网络供应工业品的农户 192	
	农户（个）	百分比（%）	农户（个）	百分比（%）
普通农户	362	92.11	18	9.38
农业规模经营户	25	6.36	1	0.52
合作社	2	0.51	/	/
生产企业	2	0.51	102	53.13
中间商	2	0.51	70	36.46
其他	/	/	1	0.52

注：数据来源于调查问卷。

5.2.2.3 农户产品来源差异性分析

从网络供货的农户供货全部自家生产看，网络供货农产品的农户占比为97.96%，网络供货工业品的农户占比为54.17%，网络供货农产品的农户占比高出网络供货工业品的农户占比43.79个百分点。

从网络供货的农户供货全部从供应商采购看，网络供货农产品的农户占比为0.25%，网络供货工业品的农户占比为29.69%，网络供货工业品的农户占比高出网络供货农产品的农户占比29.44个百分点。

从网络供货的农户供货部分自家生产与部分从供应商采购看，网络供货农产品的农户占比为1.78%，网络供货工业品的农户占比为16.15%，网络供货工业品的农户占比高出网络供货农产品的农户占比14.37个百分点，具体数据见表5-40。

表 5-40 网络供货农产品与工业品的农户产品来源情况

供货途径	有效样本（个）			
	网络供应农产品的农户 393		网络供应工业品的农户 192	
	农户（个）	百分比（%）	农户（个）	百分比（%）
全部自家生产	385	97.96	104	54.17
全部从供应商采购	1	0.25	57	29.69
部分自家生产，部分从供应商采购	7	1.78	31	16.15

注：数据来源于调查问卷。

数据分析显示，产品全部自家生产的网络供货农产品的农户较多，全部从供应商采购、部分自家生产与部分从供应商采购的网络供货工业品的农户较多。

从网络供货的农户从供应商采购比重看，网络供货农产品的农户比重为48.57%，网络供货工业品的农户比重为38.87%，网络供货农产品的农户比网络供货工业品的农户平均从供应商采购比重多9.70个百分点，具体数据见表5-41。

表5-41　网络供货农产品与工业品的农户平均从供应商采购比重情况

变量名称	有效样本（个）	
	网络供应农产品的农户	网络供应工业品的农户
	7	31
	平均百分比（%）	平均百分比（%）
平均从供应商采购比重	48.57	38.87

注：数据来源于调查问卷。

数据分析显示，相比较而言，网络供货农产品的农户平均从供应商采购比重相对较高，而网络供货工业品的农户平均从供应商采购比重相对较低。

5.2.2.4　农户从事网络供货的销售额差异性分析

从网络供货农产品农户的平均销售额看，给网络销售商提供农产品之前的平均销售额为20.86万元，第一年的平均销售额为21.28万元，同之前比，第一年平均销售额增长率为2.01%；2018年的平均销售额为27.75万元，同之前比，增长率为33.03%；同第一年比，增长率为30.40%。

从网络供货工业品农户的平均销售额看，农户给网络销售商提供工业品之前的销售额为255.53万元，第一年的平均销售额为312.30万元，同之前比，第一年销售额增长率为22.22%；给网络销售商提供工业品的农户2018年的销售额为516.27万元，同之前比，增长率为102.04%；同第一年比，增长率为65.31%。

同之前比，网络供货的农户给网络销售商提供工业品的第一年销售额增长率比网络供货的农户给网络销售商提供农产品的高出20.21个百分点。同之前比，网络供货的农户给网络销售商提供工业品的2018年销售额平均增长率比网络供货农产品的农户销售额平均增长率高出69.01个百分点。同第一年比，网络供货的农户给网络销售商提供工业品的2018年销售额平均增长率比网络供货的农户给网络销售商提供农产品的高出 34.91 个百分点。

具体数据见表 5 - 42。调研数据分析显示,发展农产品电子商务带来了网络供货的农户产品销量增加,其中,工业品网络供货的农户产品销售额增长率相对较高,而农产品网络供货的农户产品销售额增长率相对较低。

表 5 - 42   农户从事网络供货之前的销售额与 2018 年网络供货的销售额情况

销售额	网络供应农产品的农户		网络供应工业品的农户	
	金额(万元)	有效样本(个)	金额(万元)	有效样本(个)
给网络销售提供网货之前的年销售额	20.86	355	255.53	159
第一年给网络销售供货的销售额	21.28	391	312.30	192
2018 年网络供货的销售额	27.75	393	516.27	192

注:数据来源于调查问卷。

5.2.2.5   农户给网络销售的农户提供网货之后的利润差异性分析

从给网络销售商提供网货之后的利润变化比例看,给网络销售商提供网货之后利润上涨的网络供货农产品的农户占比为 58.02%,网络供货工业品的农户占比为 53.13%,给网络供货农产品的农户比例比给网络供货工业品的农户比例高出 4.89 个百分点。

从网络供货的农户给网络销售商提供网货之后的上涨利润看,网络供货农产品的农户之后的上涨利润为 17.68%,网络供货工业品的农户之后的上涨利润为 14.35%,网络供货农产品的农户比网络供货工业品的农户平均上涨利润高 3.33 个百分点,具体数据见表 5 - 43、表 5 - 44。

数据分析显示,给网络销售商提供网货之后利润上涨的网络供货农产品的农户比例相对较高,而且提供网货之后的平均上涨利润相对较高。

表 5 - 43   网络供货的农户给网络销售商提供网货之后的利润是否上涨情况

利润上涨情况	有效样本(个)			
	网络供应农产品的农户 393		网络供应工业品的农户 192	
	农户(个)	百分比(%)	农户(个)	百分比(%)
上涨	228	58.02	102	53.13
没有上涨	165	41.98	90	46.88

注:数据来源于调查问卷。

表 5 - 44　网络供货的农户给网络销售商提供网货之后的平均利润上涨情况

变量名称	网络供货农产品的农户		网络供货工业品的农户	
	有效样本（个）	平均百分比（%）	有效样本（个）	平均百分比（%）
平均利润上涨	228	17.68	102	14.35

注：数据来源于调查问卷。

5.2.2.6　农户提供网货前后员工人数变化差异性分析

从给网络销售商提供网货之前平均员工人数看，网络供货农产品农户之前平均员工人数为 3.18 人，网络供货工业品农户之前平均员工人数为 6.46 人，网络供货工业品的农户比网络供货农产品农户之前平均员工人数多 3.28 人。

从截至调研为止平均员工人数看，网络供货农产品的为 2.79 人，网络供货工业品的为 8.41 人，网络供货工业品的农户比网络供货农产品的农户给网络销售商提供网货之前平均员工人数多 5.62 人，具体数据见表 5 - 45。

表 5 - 45　网络供货的农户给网络销售商提供网货前后平均员工人数变化情况（人）

变量名称	网络供货农产品的农户		网络供货工业品的农户	
	有效样本（个）	平均人数	有效样本（个）	平均人数
平均之前员工人数	22	3.18	152	6.46
平均现在员工人数	24	2.79	170	8.41

注：数据来源于调查问卷。

数据分析显示，比较而言，网络供货工业品的农户平均员工人数相对较多，而网络供货农产品的农户平均员工人数相对较小。从纵向比较，网络供货农产品的农户给网络销售商提供网货之前平均员工人数比之后多，而网络供货工业品的农户给网络销售商提供网货之后平均员工人数比之前多。

5.2.2.7　农户提供商品品牌差异性分析

从网络供货的农户给网络销售商提供的产品属于自己注册的品牌看，网络供货农产品的农户比例为 4.83%，网络供货工业品的农户比例为 56.77%，网络供货工业品的农户比例比网络供货农产品的农户比例高出 51.94 个百分点。

从网络供货的农户给网络销售商提供的产品属于县域公共品牌看，网络供货农产品的农户比例为 21.88%，网络供货工业品的农户比例为 7.29%，网络供货农产品的农户比例比网络供货工业品的农户比例高出 14.59 个百分点。

从网络供货的农户给网络销售商提供的产品属于市域公共品牌看，网络供货农产品的农户比例为 6.36%，网络供货工业品的农户比例为 6.77%，二者几乎相当。

从网络供货的农户给网络销售商提供的产品属于他人注册的品牌看，网络供货农产品的农户比例为 22.39%，网络供货工业品的农户比例为 23.96%，网络供货工业品的农户比例比网络供货农产品的农户比例高出 1.57 个百分点，具体数据见表 5 - 46。

表 5 - 46　网络供货的农户给网络销售商提供的商品品牌情况

注册情况	有效样本（个）			
	网络供应农产品的农户 393		网络供应工业品的农户 192	
	农户（个）	百分比（%）	农户（个）	百分比（%）
自己注册的品牌	19	4.83	109	56.77
县域公共品牌	86	21.88	14	7.29
市域公共品牌	25	6.36	13	6.77
他人注册的品牌	88	22.39	46	23.96
没有品牌	174	44.27	15	7.81

注：数据来源于调查问卷。

以上数据分析显示，网络供货工业品的农户给网络销售商提供的产品品牌度相对较高，其中主要是自己注册；而网络供货农产品的农户给网络销售商提供的产品品牌度相对较低，但其县域公共品牌度相对较高。

5.2.2.8　农户工商注册差异性分析

从网络供货的农户注册为个体工商户看，网络供货农产品的农户比例为 6.87%，网络供货工业品的农户比例为 38.54%，网络供货工业品的农户比例比网络供货农产品的农户比例高出 31.67 个百分点。

从网络供货的农户注册为公司看，网络供货农产品的农户比例为 3.05%，网络供货工业品的农户比例为 55.21%，网络供货工业品的农户比例比网络供货农产品的农户比例高出 52.16 个百分点。

从网络供货的农户没有注册看，网络供货农产品的农户比例为 90.08%，网络供货工业品的农户比例为 6.25%，具体数据见表 5 - 47。

以上数据分析显示，网络供货工业品的农户工商注册比例相对较高，而网络供货农产品的农户工商注册比例相对偏低。

表 5 - 47 网络供货的农户工商注册情况

注册情况	有效样本 (个)			
	网络供应农产品的农户		网络供应工业品的农户	
	393		192	
	农户 (个)	百分比 (%)	农户 (个)	百分比 (%)
注册为个体工商户	27	6.87	74	38.54
注册为公司	12	3.05	106	55.21
没有注册	354	90.08	12	6.25

注：数据来源于调查问卷。

5.2.2.9 农户提供产品生产地差异性分析

从网络供货的农户提供给网络销售商的产品生产地为本村看，网络供货农产品的农户占比为 94.66%，网络供货工业品的农户占比为 30.37%，网络供货农产品的农户比例比网络供货工业品的农户比例高出 64.29 个百分点。

从网络供货的农户提供给网络销售商的产品生产地为本镇看，网络供货农产品的农户占比为 3.82%，网络供货工业品的农户占比为 32.46%，网络供货工业品的农户比例比网络供货农业品的农户比例高出 28.64 个百分点。

从网络供货的农户提供给网络销售商的产品生产地为本县（县级市）看，没有网络供货农产品的农户提供给网络销售商的产品生产地为本县（县级市），网络供货工业品的农户占比为 16.75%。

从网络供货的农户提供给网络销售商的产品生产地为本地级市看，网络供货农产品的农户和网络供货工业品的农户占比均偏低，分别为 0.25%、1.05%。

从网络供货的农户提供给网络销售商的产品生产地为本省看，网络供货农产品的农户和网络供货工业品的农户占比均比较偏低，分别为 0.25%、5.24%。

从网络供货的农户提供给网络销售商的产品生产地为全国看，网络供货农产品的农户占比为 0.76%，网络供货工业品的农户占比为 12.57%，网络供货工业品的农户比例比网络供货农产品的农户比例高出 11.81 个百分点。

从网络供货的农户提供给网络销售商的产品生产地为全球看，网络供货农产品的农户和网络供货工业品的农户占比均偏低，分别为 0.25%、1.57%。

具体数据见表5-48。以上数据分析显示，网络供货农产品的农户提供给网络销售商的产品生产地在本村比例相对较高；网络供货工业品的农户提供给网络销售商的产品生产地在本镇、本县、全国的比例相对较高。

表 5-48　网络供货的农户提供给网络销售商的产品生产地情况

产品生产地	有效样本（个）			
	网络销售农产品的农户		网络销售工业品的农户	
	393		192	
	农户（个）	百分比（%）	农户（个）	百分比（%）
本村	372	94.66	58	30.37
本镇	15	3.82	62	32.46
本县（县级市）	/	/	32	16.75
本地级市	1	0.25	2	1.05
本省	1	0.25	10	5.24
全国	3	0.76	24	12.57
全球	1	0.25	3	1.57

注：数据来源于调查问卷。

5.2.2.10　农户供货的网络销售商分布差异性分析

从网络供货的农户提供给网络销售商的产品销往地为本村看，网络供货农产品的农户比例为19.85%，网络供货工业品的农户比例为1.05%，网络供货农产品的农户比例比网络供货工业品的农户比例高出18.80个百分点。

从网络供货的农户提供给网络销售商的产品销往地为本镇看，网络供货农产品的农户比例为36.13%，网络供货工业品的农户比例为6.28%，网络供货农产品的农户比例比网络供货工业品的农户比例高出29.85个百分点。

从网络供货的农户提供给网络销售商的产品销往地为本县看，网络供货农产品的农户比例为9.41%，网络供货工业品的农户比例为4.71%，网络供货农产品的农户比例比网络供货工业品的农户比例高出4.70个百分点。

从网络供货的农户提供给网络销售商的产品销往地为本地级市看，网络供货农产品的农户比例为13.74%，网络供货工业品的农户比例为4.71%，网络供货农产品的农户比例比网络供货工业品的农户比例高出9.03个百分点。

从网络供货的农户提供给网络销售商的产品销往地为本省看，网络供货农产品的农户比例与网络供货工业品的农户比例几乎相当。

从网络供货的农户提供给网络销售商的产品销往地为全国看，网络供货农产品的农户比例为 16.28%，网络供货工业品的农户比例为 67.02%，网络供货工业品的农户比例比网络供货农产品的农户比例高出 50.74 个百分点。

从网络供货的农户提供给网络销售商的产品销往地为全球看，网络供货农产品的农户比例为 0.76%，网络供货工业品的农户比例为 12.04%，网络供货工业品的农户比例比网络供货农产品的农户比例高出 11.28 个百分点。

以上数据见表 5 - 49。调研数据分析显示，网络供货工业品的农户提供给网络销售商的产品销往地主要在全国，而网络供货农产品的农户提供给网络销售商的产品销往地主要在本市域范围内。

表 5 - 49　网络供货的农户提供给网络销售商的产品销往地情况

产品销往地	有效样本（个）			
	网络销售农产品的农户 393		网络销售工业品的农户 192	
	农户（个）	百分比（%）	农户（个）	百分比（%）
本村	78	19.85	2	1.05
本镇	142	36.13	12	6.28
本县（县级市）	37	9.41	9	4.71
本地级市	54	13.74	9	4.71
本省	15	3.82	8	4.19
全国	64	16.28	128	67.02
全球	3	0.76	23	12.04

注：数据来源于调查问卷。

5.3　网络销售和网络供货农产品的农户家庭收入差异性分析

从横向看，同之前比，第一年的从事网络供货农产品的农户家庭收入增长率高于从事网络销售农产品的农户家庭收入增长率 12.12%。同之前比，2018年的从事网络销售农产品的农户家庭收入增长率比从事网络供货农产品的农户家庭收入增长率高出 9.09 个百分点。同第一年比，2018 年的从事网络销售农产品的农户家庭收入增长率比从事网络供货农产品的农户家庭收入增长率高出 1.43 个百分点。2018 年从事网络销售农产品实现网络收入占农户家庭总收入比重比从事网络供货农产品实现网络收入占农户家庭总收入比重高出 11.43 个百分点。

可见，发展农产品电子商务，第一年对从事网络供货农产品的农户家庭收入贡献率相对较高，2018 年对从事网络销售农产品的农户家庭收入贡献率相对较高，网络销售农产品的农户与网络供货农产品的农户家庭收入情况具体数据见表 5-50。

表 5-50　网络销售农产品的农户与网络供货农产品的农户家庭收入情况

家庭收入情况	网络销售农产品的农户		网络供货农产品的农户	
	金额（万元）	有效样本（个）	金额（万元）	有效样本（个）
从事网络销售之前家庭收入	25.15	141	7.41	384
第一年家庭收入	26.31	144	8.65	392
2018 年家庭收入	34.26	142	11.14	393
2018 年网络收入	23.35	142	6.32	392

注：数据来源于调查问卷。

5.4　网络销售和网络供货农产品的农户面临困难差异性分析

5.4.1　农户网络销售面临困难差异性分析

从农户从事网络销售面临货源问题看，27.08% 的农户从事农产品网络销售面临货源问题，26.78% 的农户从事工业品网络销售面临货源问题，从事农产品网络销售的农户比例比从事工业品网络销售的农户比例高出 0.30 个百分点。

从农户从事网络销售面临客户问题看，34.03% 的农户从事农产品网络销售面临客户问题，29.59% 的农户从事工业品网络销售面临客户问题，从事农产品网络销售的农户比例比从事工业品网络销售的农户比例高出 4.44 个百分点。

从农户从事网络销售面临物流问题看，29.17% 的农户从事农产品网络销售面临客户问题，23.76% 的农户从事工业品网络销售面临客户问题，从事农产品网络销售的农户比例比从事工业品网络销售的农户比例高出 5.41 个百分点。

从农户从事网络销售面临土地问题看，15.97％的农户从事农产品网络销售面临土地问题，9.07％的农户从事工业品网络销售面临土地问题，从事农产品网络销售的农户比例比从事工业品网络销售的农户比例高出6.90个百分点。

从农户从事网络销售面临资金问题看，38.19％的农户从事农产品网络销售面临资金问题，38.88％的农户从事工业品网络销售面临资金问题，二者几乎相当。

从农户从事网络销售面临宣传问题看，46.53％的农户从事农产品网络销售面临宣传问题，23.11％的农户从事工业品网络销售面临宣传问题，从事农产品网络销售的农户比例比从事工业品网络销售的农户比例高出23.42个百分点。

从农户从事网络销售面临仓储问题看，12.50％的农户从事农产品网络销售面临仓储问题，17.49％的农户从事工业品网络销售面临仓储问题，从事工业品网络销售的农户比例比从事农产品网络销售的农户比例高出4.99个百分点。

从农户从事网络销售面临知识培训问题看，10.42％的农户从事农产品网络销售面临知识培训问题，20.30％的农户从事工业品网络销售面临知识培训问题，从事工业品网络销售的农户比例比从事农产品网络销售的农户比例高出9.88个百分点。

从农户从事网络销售面临人才招聘问题看，16.67％的农户从事农产品网络销售面临人才招聘问题，28.08％的农户从事工业品网络销售面临人才招聘问题，从事工业品网络销售的农户比例比从事农产品网络销售的农户比例高出11.41个百分点。

从农户从事网络销售面临市场竞争较大问题看，40.97％的农户从事农产品网络销售面临市场竞争较大问题，65.44％的农户从事工业品网络销售面临市场竞争较大问题，从事工业品网络销售的农户比例比从事农产品网络销售的农户比例高出24.47个百分点。以上数据见表5-51。

调查数据分析显示，从事农产品网络销售面临货源、客户、物流、资金、土地、宣传等问题的农户比例相对较高，从事工业品网络销售面临资金、仓储、知识培训、人才招聘、市场竞争较大等问题的农户比例相对较高。此外，农户从事工业品网络销售面临的困难还包括佣金太贵、平台问题、产品更新、产品经营、房租涨价、时间问题、运营问题等。

表 5 - 51   从事网络销售的农户面临困难情况

变量名称	有效样本（个）			
	网络销售农产品的农户		网络销售工业品的农户	
	144		463	
	农户（个）	百分比（%）	农户（个）	百分比（%）
货源问题	39	27.08	124	26.78
客户问题	49	34.03	137	29.59
物流问题	42	29.17	110	23.76
土地问题	23	15.97	42	9.07
资金问题	55	38.19	180	38.88
宣传问题	67	46.53	107	23.11
仓储问题	18	12.50	81	17.49
知识培训	15	10.42	94	20.30
人才招聘	24	16.67	130	28.08
市场竞争较大	59	40.97	303	65.44
其他	3	2.08	27	5.83

注：数据来源于调查问卷。

5.4.2 农户未能从事网络销售的主要原因差异性分析

从网络供货的农户没有从事网络销售的原因为资金缺乏看，16.28%的网络供货农产品的农户没有从事网络销售的原因为资金缺乏，10.42%的网络供货工业品的农户没有从事网络销售的原因为资金缺乏，网络供货农产品的农户比例比网络供货工业品的农户比例高出 5.86 个百分点。

从网络供货的农户没有从事网络销售的原因为电商知识技能缺乏看，76.84%的网络供货农产品的农户因为电商知识技能缺乏，29.69%的网络供货工业品的农户因为电商知识技能缺乏，网络供货农产品的农户比例比网络供货工业品的农户比例高出 47.15 个百分点。

从网络供货的农户没有从事网络销售的原因为市场竞争较大看，11.45%的网络供货农产品的农户因为市场竞争较大，50.00%的网络供货工业品的农户因为市场竞争较大，网络供货工业品的农户比例比网络供货农产品的农户比例高出 38.55 个百分点。

从网络供货的农户没有从事网络销售的原因为缺少帮手看，33.08%的网络供货农产品的农户因为缺少帮手，21.35％的网络供货工业品的农户因为缺少帮手，网络供货农产品的农户比例比网络供货工业品的农户比例高出11.73个百分点。

从网络供货的农户没有从事网络销售的原因为精力不足看，39.19％的网络供货农产品的农户因为精力不足，27.08％的网络供货工业品的农户因为精力不足，网络供货农产品的农户比例比网络供货工业品的农户比例高出12.11个百分点。

从网络供货的农户没有从事网络销售的原因为仓储问题看，3.31％的网络供货农产品的农户因为仓储问题，6.77％的网络供货工业品的农户因为仓储问题，网络供货工业品的农户比例比网络供货农产品的农户比例高出3.46个百分点。

从网络供货的农户没有从事网络销售的原因为物流问题看，22.65％的网络供货农产品的农户因为物流问题，9.38％的网络供货工业品的农户因为物流问题，网络供货农产品的农户比例比网络供货工业品的农户比例高出13.27个百分点。

从网络供货的农户没有从事网络销售的原因为土地问题看，11.20％的网络供货农产品的农户因为土地问题，1.56％的网络供货工业品的农户因为土地问题，网络供货农产品的农户比例比网络供货工业品的农户比例高出9.64个百分点。

从网络供货的农户没有从事网络销售的原因为货源不足看，14.76％的网络供货农产品的农户因为货源不足，2.60％的网络供货工业品的农户因为货源不足，网络供货农产品的农户比例比网络供货工业品的农户比例高出12.16个百分点。

从网络供货的农户没有从事网络销售的原因为客户问题看，5.60％的网络供货农产品的农户因为客户问题，5.73％的网络供货工业品的农户因为客户问题，二者比例均偏低，且比例几乎相当。

以上数据见表5-52。调查数据分析显示，没有从事网络销售的原因为资金缺乏、电商知识技能缺乏、缺少帮手、精力不足、物流问题、土地问题、货源不足等的网络供货农产品的农户比例相对较高，没有从事网络销售的原因为市场竞争较大、仓储问题、客户问题等的网络供货工业品的农户比例相对较高。

表 5-52　网络供货的农户没有从事网络销售的主要原因

主要原因	有效样本（个）			
	网络销售农产品的农户		网络销售工业品的农户	
	393		192	
	农户（个）	百分比（%）	农户（个）	百分比（%）
资金缺乏	64	16.28	20	10.42
电商知识技能缺乏	302	76.84	57	29.69
市场竞争较大	45	11.45	96	50.00
缺少帮手	130	33.08	41	21.35
精力不足	154	39.19	52	27.08
仓储问题	13	3.31	13	6.77
物流问题	89	22.65	18	9.38
土地问题	44	11.20	3	1.56
货源不足	58	14.76	5	2.60
客户问题	22	5.60	11	5.73
其他	6	1.53	1	0.52

注：数据来源于调查问卷。

5.5　本章小结

从农户网络销售差异性分析来看，从事农产品与工业品网络销售的农户家庭收入增加。从网络销售的农户从事农产品与工业品网络销售时间看，农户从事农产品与工业品网络销售初期对家庭收入贡献率相对较低，随着经营时间拉长，对网络销售的农户家庭收入贡献率越来越高。此外，网络销售收入对从事农产品与工业品网络销售的农户家庭收入贡献率较高。尤其是，从网络收入占家庭收入比重看，从事农产品网络销售的农户家庭收入贡献率相对较高，但是数量上相对较低。究其原因，主要有以下两方面：一方面是获得政府支持。农户从事农产品网络销售获得政府支持比例相对较高，而农户从事工业品网络销售获得政府支持比例相对较低。从事农产品网络销售获得财政补助、培训、土地支持的农户比例较高，从事工业品网络销售获得税收减免、贷款优惠的农户比例较高。农户从事农产品电子商务获得财政补贴资金较高。这是因为政府加大对农产品电商扶持力度，以推动农产品电子商务发展，促进农户增收。另一方面是资金投入。2018 年农户从事农产品网络销售投入资金相对较多。网络销售农产品全部自家生产的农户较多。农户网络销售农产品品牌度相对较高，其中主要是自己注册的品牌。因此，应加强农产品认证，推动更多农产品实现网络销售的竞争优势。农户从事农产品网络销售（网店）的产品包装总投入、农户从事网络销售（网店）的学习培训电商知识技能费用、农户从事网络销售（网店）的员工电商培训投入、农户从事网络销售（网店）的培训人数等方面均相对较高。当然，从事农产品网络销售面临货源、客户、物流、资金、土地、宣传等问题的农户比例相对较高。

从网络供货的农户家庭收入差异性分析来看，网络供货农产品与工业品的农户家庭收入增加。从网络供货农产品与工业品的农户给网络销售商供货时间看，网络供货农产品与工业品的农户给网络销售商供货初期对家庭收入贡献率相对较低，随着经营时间拉长，对网络供货农产品与工业品的农户家庭收入贡献率越来越高。此外，网络销售收入对网络供货农产品与工业品的农户家庭收入贡献率较高。从提供网货收入占家庭收入比重看，网络供货农产品的农户与网络供货工业品的农户相比占家庭收入比重相对较低。给网络销售商提供网货之后的利润上涨的网络供货农产品的农户比例相对较高，网络供货农产品的农户给网络销售商提供网货之后的平均上涨利润相对较高。同时，没有从事网络销售的原因为资金缺乏、电商知识技能缺乏、缺少帮手、精力不足、物流问题、土地问题、货源不足等的网络供货农产品的农户比例相当较高，没有从事网络销售的原因为市场竞争较大、仓储问题、客户问题等的网络供货工业品的农户比例相对较高。

第6章　新鲜与干货农产品电子商务发展差异性分析

本章在第 5 章研究基础上，进一步从网络销售农产品类型对浙江省农村区域范围内新鲜农产品电子商务与干货电子商务发展差异性进行研究，主要就农户的网络销售情况和农户给网络供货情况进行深入探讨。

6.1　网络销售新鲜与干货农产品的农户家庭收入及影响因素差异性分析

6.1.1　网络销售新鲜与干货农产品的农户家庭收入差异性分析

数据分析发现，农户从事新鲜农产品网络销售之后的家庭收入均高于之前的家庭收入。之前的家庭平均年收入为 8.98 万元，从事新鲜农产品网络销售第一年的家庭收入为 9.96 万元，同之前比，家庭收入增加了 0.98 万元，家庭收入增长率为 10.91％。

2018 年网络销售新鲜农产品的农户家庭收入为 15.70 万元，同之前比，家庭收入增加了 6.72 万元，增长率为 74.83％，同第一年比，家庭收入增加了 5.74 万元，家庭收入增长率为 57.63％。

第一年网络销售新鲜农产品的农户网络收入为 5.58 万元，占家庭总收入的 62.14％；2018 年的农户网络收入为 7.25 万元，占家庭总收入的 46.18％。第一年的农户网络收入占家庭总收入的比重比 2018 年的高 15.96 个百分点，具体数据见表 6-1。

数据分析显示，从农户从事新鲜农产品网络销售的家庭收入来看，发展农产品电子商务带来了农户家庭收入的增加。从网络销售时间看，销售初期对家庭收入贡献率相对较低，随着经营时间拉长，对农户家庭收入贡献率越来越高。也就是说，在其他条件不变的情况下，农户从事农产品网络销售时间越长，对农户家庭收入贡献率越大。可见，从事新鲜农产品网络销售的时间是影响网络销售的农户家庭收入的重要因素。此外，网络销售收入对从事农产品网络销售的农户家庭收入贡献率较高。

表 6-1　网络销售新鲜与干货农产品的农户家庭收入情况

家庭收入	网络销售新鲜农产品的农户		网络销售干货农产品的农户	
	金额（万元）	有效样本（个）	金额（万元）	有效样本（个）
从事网络销售之前家庭收入	8.98	42	32.01	99
第一年家庭收入	9.96	45	33.75	99
第一年网络收入	5.58	40	14.37	99
2018 年家庭收入	15.70	45	42.86	97
2018 年网络收入	7.25	44	31.21	96

注：数据来源于调查问卷。

数据分析发现，农户从事干货农产品网络销售之后的家庭收入均高于之前的家庭收入。之前的家庭收入为 32.01 万元，之后第一年的家庭收入为 33.75 万元，同之前比，家庭收入增长了 1.74 万元，家庭收入增长率为 5.44%。

2018 年网络销售干货农产品的农户家庭收入为 42.86 万元，同之前比，家庭收入增加了 10.85 万元，家庭收入增长率为 33.90%，同第一年比，家庭收入也增加了 9.11 万元，增长率为 26.99%；第一年的网络收入为 14.37 万元，占农户家庭总收入的 42.58%；2018 年网络收入为 31.21 万元，占农户家庭总收入的 72.82%。2018 年网络收入占家庭总收入比重比第一年高出 30.24 个百分点，具体数据见表 6-1。

数据分析显示，从网络销售干货农产品的农户家庭收入来看，发展农产品电子商务带来了农户家庭收入增加。从网络销售时间看，销售初期对家庭收入贡献率相对较低，随着经营时间拉长，对家庭收入贡献率越来越高。也就是说，在其他条件不变的情况下，农户从事干货农产品网络销售时间越长，对从事干货农产品网络销售的农户家庭收入贡献率越大。可见，从事干货农产品网络销售的时间是影响农户家庭收入的重要因素。此外，网络销售收入对从事干货农产品网络销售的农户家庭收入贡献率较高。

从横向看，同之前比，平均第一年从事新鲜农产品网络销售的农户家庭收入增长率高于从事干货农产品网络销售的 5.47 个百分点。同之前比，2018 年从事新鲜农产品网络销售的农户家庭收入增长率比从事干货农产品网络销售的高出 40.93 个百分点。同第一年比，2018 年的从事新鲜农产品网络销售的农户家庭收入增长率比从事干货农产品网络销售的农户家庭收入增长率高出 30.64 个百分点。第一年从事新鲜农产品网络销售比从事干货农产品网络销售实现网络收入占农户家庭总收入比重高 19.56 个百分点。2018 年从事干货农产品比从事新鲜农产品网络销售实现网络收入占农户家庭总收入比重高出 26.62 个百分点。同第一年比，截至 2018 年，从事干货农产品网络销售的农户比从事新鲜农产品网络销售的农户的网络收入增长率高出 14.28 个百分点。可见，从网络收入占家庭收入比重看，发展农产品电子商务，第一年对从事新鲜农产品网络销售的农户家庭收入贡献率相对较高，2018 年对从事干货农产品网络销售的农户家庭收入贡献率相对较高。

从理论上分析，农产品网络销售对农户家庭增收的影响是正面的。但现实中，不同类型的农产品在产品特性、生产特性和市场交易特性方面存在较大的异质性，尤其是新鲜与干货农产品。这使得衔接生产与消费的农产品流通过程与模式呈现较大差异，在流通过程中实现价值增值的方式也不尽相同。此外，这些异质性在网络市场规模的乘数效应和消费需求提升的循环累积作用下，会催生出数字红利差异。因此，对农产品网络销售的增收效应不可简单一概而论，不同类型农产品网络销售对农户家庭增收的促进效果是有差异的。为了让网络销售更好地惠及农户、消费者以及整个农业产业，需充分考虑不同类型农产品的异质性，采取有针对性的发展措施，不断优化发展模式，以便更好地提升农产品网络销售对农户家庭增收的促进作用。

6.1.2 网络销售新鲜与干货农产品的农户家庭收入影响因素差异性分析

6.1.2.1 农户全职与兼职差异性分析

从全职看，从事新鲜农产品网络销售的农户比例为 26.67%，从事干货农产品网络销售的农户比例为 53.54%，从事干货农产品网络销售的农户比例比从事新鲜农产品网络销售的农户比例高出 26.87 个百分点。

从兼职看，从事新鲜农产品网络销售的农户比例为 73.33%，从事干货农产品网络销售的农户比例为 46.46%，从事新鲜农产品网络销售的农户比例比从事干货农产品网络销售的农户比例高出 26.87 个百分点，具体数据见表 6-2。

表 6-2 网络销售新鲜与干货农产品的农户全职、兼职电商情况

全职与兼职	有效样本（个）			
	网络销售新鲜农产品的农户		网络销售干货农产品的农户	
	45		99	
	农户（个）	百分比（%）	农户（个）	百分比（%）
全职	12	26.67	53	53.54
兼职	33	73.33	46	46.46

注：数据来源于调查问卷。

以上数据分析显示，全职从事干货农产品网络销售的农户占比高于全职从事新鲜农产品网络销售的农户，而兼职则反之。

6.1.2.2 农户网络销售（开网店）之前参加电商培训差异性分析

从参加电商培训看，从事新鲜农产品网络销售的农户比例为 31.11%，从事干货农产品网络销售的农户比例为 45.45%，从事干货农产品网络销售的农户比例比从事新鲜农产品网络销售的农户比例高出 14.34 个百分点。

从没有参加电商培训看，从事新鲜农产品网络销售的农户比例为 68.89%，从事干货农产品网络销售的农户比例为 54.55%，从事新鲜农产品网络销售的农户比例比从事干货农产品网络销售的农户比例高出 14.34 个百分点，具体数据见表 6-3。

表 6-3 从事网络销售（开网店）之前，是否参加过电商培训情况

参加电商培训情况	有效样本（个）			
	网络销售新鲜农产品的农户		网络销售干货农产品的农户	
	45		99	
	农户（个）	百分比（%）	农户（个）	百分比（%）
是	14	31.11	45	45.45
否	31	68.89	54	54.55

注：数据来源于调查问卷。

以上数据分析显示，参加电商培训从事干货农产品网络销售的农户占比高于参加电商培训从事新鲜农产品网络销售的农户，而没有参加电商培训的则反之。

6.1.2.3 农户拥有网店差异性分析

从拥有网店从事网络销售的农户情况看，24.44％从事新鲜农产品网络销售的农户拥有网店，67.68％从事干货农产品网络销售的农户拥有网店，拥有网店从事干货农产品网络销售的农户比例比从事新鲜农产品网络销售的农户比例高出43.24个百分点。

从没有网店从事网络销售的农户情况看，75.56％从事新鲜农产品网络销售的农户没有网店，32.32％从事干货农产品网络销售的农户没有网店，没有网店从事干货农产品网络销售的农户比例比从事新鲜农产品网络销售的农户比例低出43.24个百分点，具体数据见表6-4。

以上数据分析显示，拥有网店从事干货农产品网络销售的农户占比高于拥有网店从事新鲜农产品网络销售的农户占比，而没有网店则反之。

表6-4 网络销售新鲜与干货农产品的农户拥有网店情况

拥有网店情况	有效样本（个）			
	网络销售新鲜农产品的农户		网络销售干货农产品的农户	
	45		99	
	农户（个）	百分比（%）	农户（个）	百分比（%）
有	11	24.44	67	67.68
没有	34	75.56	32	32.32

注：数据来源于调查问卷。

从从事网络销售拥有1个网店的农户看，从事新鲜农产品网络销售的农户比例为15.58％，从事干货农产品网络销售的农户比例为29.29％，从事干货农产品网络销售的农户比例比从事新鲜农产品网络销售的农户比例高出13.71个百分点。

从从事网络销售拥有2个网店的农户看，从事新鲜农产品网络销售的农户比例为4.44％，从事干货农产品网络销售的农户比例为21.21％，从事干货农产品网络销售的农户比例比从事新鲜农产品网络销售的农户比例高出16.77个百分点。

从从事网络销售拥有3个网店的农户看，从事新鲜农产品网络销售的农户比例为2.22％，从事干货农产品网络销售的农户比例为8.08％，从事干货农产品网络销售的农户比例比从事新鲜农产品网络销售的农户比例高出5.86个百分点。

从从事网络销售拥有4个网店的农户看，没有拥有4个网店从事新鲜农产品网络销售的农户，而从事干货农产品网络销售的农户比例为4.04％。

从从事网络销售拥有 5 个及以上网店的农户看，从事新鲜农产品网络销售的农户比例为 2.22%，从事干货农产品网络销售的农户比例为 5.05%，从事干货农产品网络销售的农户比例比从事新鲜农产品网络销售的农户比例高出 2.83 个百分点。

具体数据见表 6-5。以上数据分析显示，从事干货农产品网络销售并拥有网店的农户比例相对较高，从事新鲜农产品网络销售并拥有网店的农户比例相对较低。

表 6-5　网络销售新鲜与干货农产品的农户拥有网店数比例情况

	有效样本（个）			
网店数量	网络销售新鲜农产品的农户		网络销售干货农产品的农户	
	45		99	
	农户（个）	百分比（%）	农户（个）	百分比（%）
1 个	7	15.58	29	29.29
2 个	2	4.44	21	21.21
3 个	1	2.22	8	8.08
4 个	/	/	4	4.04
5 个及以上	1	2.22	5	5.05

注：数据来源于调查问卷。

6.1.2.4　农户从事电商之前创业差异性分析

从总体看，82.22% 的农户从事电商开展网络销售新鲜农产品之前有过创业经历，49.49% 的农户从事电商开展网络销售干货农产品之前有过创业经历，从事电商开展网络销售新鲜农产品的农户比例比从事电商开展网络销售干货农产品的农户比例低 32.73 个百分点。而没有创业经历的则反之，具体数据见表 6-6。

表 6-6　网络销售新鲜与干货农产品的农户从事电商之前是否创业情况

	有效样本（个）			
创业情况	网络销售新鲜农产品的农户		网络销售干货农产品的农户	
	45		99	
	农户（个）	百分比（%）	农户（个）	百分比（%）
有	37	82.22	49	49.49
没有	8	17.78	50	50.51

注：数据来源于调查问卷。

从从事电商之前有过 1 次创业经历的农户看，从事新鲜农产品网络销售的农户比例为 51.11%，从事干货农产品网络销售的农户比例为 28.28%，从事新鲜农产品网络销售的农户比例比从事干货农产品网络销售的农户比例高出 22.83 个百分点。

从从事电商之前有过 2 次创业经历的农户看，从事新鲜农产品网络销售的农户比例为 26.67%，从事干货农产品网络销售的农户比例为 14.14%，从事新鲜农产品网络销售的农户比例比从事干货农产品网络销售的农户比例高出 12.53 个百分点。

从从事电商之前有过 3 次创业经历的农户看，从事新鲜农产品网络销售的农户比例为 2.22%，从事干货农产品网络销售的农户比例为 3.03%，从事新鲜农产品网络销售的农户比例比从事干货农产品网络销售的农户比例低出 0.81 个百分点。

从从事电商之前有过 4 次创业经历的农户看，从事新鲜农产品网络销售的农户比例为 2.22%，没有有 4 次创业经历的从事干货农产品网络销售的农户。

从从事电商之前有过 5 次及以上创业经历的农户看，没有有过 5 次及以上创业经历的从事新鲜农产品的农户，有过 5 次及以上创业经历的从事干货农产品网络销售的农户比例为 4.04%。

具体数据见表 6-7。以上数据分析显示，从事新鲜农产品网络销售之前有过创业经历的农户比例相对较高，从事干货农产品网络销售之前没有创业经历的农户比例相对较高。

表 6-7 网络销售新鲜与干货农产品的农户从事电商之前创业情况

创业情况	有效样本（个）			
	网络销售新鲜农产品的农户 45		网络销售干货农产品的农户 99	
	农户（个）	百分比（%）	农户（个）	百分比（%）
1 次	23	51.11	28	28.28
2 次	12	26.67	14	14.14
3 次	1	2.22	3	3.03
4 次	1	2.22	/	/
5 次及以上	/	/	4	4.04

注：数据来源于调查问卷。

6.1.2.5　农户运用网络平台差异性分析

从使用淘宝网（天猫、1688）看，从事新鲜农产品网络销售的农户占比为22.22%，从事干货农产品网络销售的农户占比为64.65%，网络销售干货农产品的农户比例比网络销售新鲜农产品的农户比例高出42.43个百分点。

从使用京东商城看，从事新鲜农产品网络销售的农户占比为4.44%，从事干货农产品网络销售的农户占比为13.13%，网络销售干货农产品的农户比例比网络销售新鲜农产品的农户比例高出8.69个百分点。

从使用拼多多看，从事新鲜农产品网络销售的农户占比为2.22%，从事干货农产品网络销售的农户占比为22.22%，网络销售干货农产品的农户比例比网络销售新鲜农产品的农户比例高出20.00个百分点。

从使用微信看，从事新鲜农产品网络销售的农户占比为91.11%，从事干货农产品网络销售的农户占比为69.70%，网络销售新鲜农产品的农户比例比网络销售干货农产品的农户比例高出21.41个百分点，具体数据见表6-8。

表6-8　网络销售新鲜与干货农产品的农户运用网络平台情况

网络平台情况	有效样本（个）			
	网络销售新鲜农产品的农户		网络销售干货农产品的农户	
	45		99	
	农户（个）	百分比（%）	农户（个）	百分比（%）
淘宝网（天猫、1688）	10	22.22	64	64.65
京东商城	2	4.44	13	13.13
拼多多	1	2.22	22	22.22
微信	41	91.11	69	69.70
其他	2	4.44	2	2.02

注：数据来源于调查问卷。

以上数据分析显示，使用微信从事新鲜农产品网络销售的农户比例较高，而使用淘宝网（天猫、1688）从事干货农产品网络销售的农户比例较高。此外，使用像快手、YY快手、抖音等新媒体新平台从事干货农产品网络销售的农户相对较多。

6.1.2.6　农户产品生产地差异性分析

从农户网络销售产品生产地为本村看，网络销售新鲜农产品的农户占比为86.67%，网络销售干货农产品的农户占比为46.46%，网络销售新鲜农产品农户占比高出网络销售干货农产品的农户占比 40.21 个百分点。

从农户网络销售产品生产地为本镇看，网络销售新鲜农产品的农户占比为 4.44%，网络销售干货农产品的农户占比为 13.13%，网络销售干货农产品的农户占比高出网络销售新鲜农产品的农户占比 8.69 个百分点。

从农户网络销售产品生产地为本县看，网络销售新鲜农产品的农户占比为 2.22%，网络销售干货农产品的农户占比为 12.12%，网络销售干货农产品的农户占比高出网络销售新鲜农产品的农户占比 9.90 个百分点。

从农户网络销售产品生产地为本省看，网络销售新鲜农产品的农户占比为 2.22%，网络销售干货农产品的农户占比为 5.05%，干货农产品生产地为本省的农户占比高出新鲜农产品生产地为本省的农户占比 2.83 个百分点。

从农户网络销售产品生产地为全国看，网络销售的新鲜农产品的农户占比为 4.44%，网络销售干货农产品的农户占比为 23.23%，网络销售干货农产品的农户占比高出网络销售新鲜农产品的农户占比 18.79 个百分点。

此外，没有网络销售新鲜农产品生产地为本市、全世界的农户。

以上数据见表 6-9。调研数据分析显示，农户网络销售的新鲜农产品生产地在本村比例较高，而农户网络销售的干货农产品生产地在本镇、本县、本省、全国的占比相对较高。农户网络销售的新鲜农产品生产地在本镇、本县（县级市）、本省、全国比例均比较偏低。

表 6-9　网络销售新鲜与干货农产品的农户产品生产地情况

产品生产地情况	有效样本（个）			
	网络销售新鲜农产品的农户 45		网络销售干货农产品的农户 99	
	农户（个）	百分比（%）	农户（个）	百分比（%）
本村	39	86.67	46	46.46
本镇	2	4.44	13	13.13
本县（县级市）	1	2.22	12	12.12
本地级市	/	/	/	/
本省	1	2.22	5	5.05
全国	2	4.44	23	23.23
全世界	/	/	/	/

注：数据来源于调查问卷。

6.1.2.7　农户产品销往地差异性分析

从农户网络销售产品销往地为本镇看，没有网络销售农产品的农户。

从农户网络销售产品销往地为本县看，没有网络销售新鲜农产品的农户，而网络销售干货农产品的农户占比偏低，仅为1.01%。

从农户网络销售产品销往地为本市看，网络销售新鲜农产品的农户占比为15.56%，网络销售干货农产品的农户占比仅为4.04%，网络销售新鲜农产品农户占比高出网络销售干货农产品的农户占比11.52个百分点。

从农户网络销售产品销往地为本省看，网络销售新鲜农产品的农户占比为13.33%，网络销售干货农产品的农户占比仅为4.04%，网络销售新鲜农产品的农户占比高出网络销售干货农产品的农户占比9.29个百分点。

从农户网络销售产品销往地为全国看，网络销售新鲜农产品的农户占比为66.67%，网络销售干货农产品的农户占比为88.89%，网络销售干货农产品的农户占比高出网络销售新鲜农产品的农户占比22.22个百分点。

从农户网络销售产品销往地为全世界看，网络销售新鲜农产品的农户占比为4.44%，网络销售干货农产品的农户占比仅为2.02%，网络销售新鲜农产品的农户占比高出网络销售干货农产品的农户占比2.42个百分点。

具体数据见表6-10。以上数据分析显示，农户网络销售新鲜农产品与干货农产品主要在全国范围，网络销售新鲜农产品在本市、本省范围内的农户占比相对较高。说明新鲜农产品由于其产品特性，加上冷链物流比较欠缺，与干货农产品相比，新鲜农产品远距离运输尚有困难。

表6-10　网络销售新鲜与干货农产品的农户产品销往地情况

产品销往地	有效样本（个）			
	网络销售新鲜农产品的农户 45		网络销售干货农产品的农户 99	
	农户（个）	百分比（%）	农户（个）	百分比（%）
本镇	/	/	/	/
本县（县级市）	/	/	1	1.01
本地级市	7	15.56	4	4.04
本省	6	13.33	4	4.04
全国	30	66.67	88	88.89
全世界	2	4.44	2	2.02

注：数据来源于调查问卷。

6.1.2.8 农户获得政府支持差异性分析

从农户从事网络销售是否获得政府支持情况看，从事新鲜农产品销售的农户比例为 4.44%，从事干货农产品销售的农户比例为 16.16%，从事干货农产品销售的农户比例比从事新鲜农产品的农户比例高出 11.72 个百分点，具体数据见表 6-11。

表 6-11 网络销售新鲜与干货农产品的农户是否获得政府支持情况

政府支持情况	有效样本（个）			
	网络销售新鲜农产品的农户		网络销售干货农产品的农户	
	45		99	
	农户（个）	百分比（%）	农户（个）	百分比（%）
是	2	4.44	16	16.16
否	43	95.56	83	83.84

注：数据来源于调查问卷。

以上数据分析显示，农户从事干货农产品网络销售获得政府支持比例相对较高，而农户从事新鲜农产品网络销售获得政府支持比例相对较低。

从农户从事网络销售获得政府培训情况看，从事新鲜农产品网络销售的农户比例为 20.00%，从事干货农产品网络销售的农户比例为 26.26%，从事干货农产品网络销售的农户比例比从事新鲜农产品网络销售的农户比例高出 6.26 个百分点。

从农户从事网络销售获得税收减免情况看，从事新鲜农产品网络销售的农户比例为 6.67%，从事干货农产品网络销售的农户比例为 2.02%，从事新鲜农产品网络销售的农户比例比从事干货农产品网络销售的农户比例高出 4.65 个百分点。

从农户从事网络销售获得贷款优惠情况看，从事新鲜农产品网络销售的农户比例为 4.44%，从事干货农产品网络销售的农户比例为 5.05%，从事干货农产品网络销售的农户比例比从事新鲜农产品网络销售的农户比例高出 0.61 个百分点。

从农户从事网络销售获得土地支持情况看，从事新鲜农产品网络销售的农户比例为 2.22%，从事干货农产品网络销售的农户比例为 13.13%，从事干货农产品网络销售的农户比例比从事新鲜农产品网络销售的农户比例高出 10.91 个百分点。

此外，从事干货农产品网络销售获得诸如场地支持、房子补贴、房屋租金、仓储、资源等方面支持的农户比例偏低，具体数据见表 6-12。

表 6-12　网络销售新鲜与干货农产品的农户获得政府支持情况

政府支持情况	有效样本（个）			
	网络销售新鲜农产品的农户 45		网络销售干货农产品的农户 99	
	农户（个）	百分比（%）	农户（个）	百分比（%）
财政补助	2	4.44	16	16.16
培训	9	20.00	26	26.26
税收减免	3	6.67	2	2.02
贷款优惠	2	4.44	5	5.05
土地支持	1	2.22	13	13.13
其他	/	/	1	1.01

注：数据来源于调查问卷。

以上数据分析显示，从事干货农产品网络销售获得财政补助、培训、土地支持的农户比例较高，从事新鲜农产品网络销售获得税收减免、贷款优惠的农户比例较高。

从农户从事网络销售获得财政补贴资金情况看，农户从事新鲜农产品网络销售获得财政补贴资金最低为 1 万元，最高为 10 万元；而农户从事干货农产品网络销售获得财政补贴资金最低为 0.2 万元，最高为 500 万元，具体数据见表 6-13。

表 6-13　从事新鲜农产品与干货农产品网商农户
网络销售获得财政补贴资金情况（万元）

补贴金额	网络销售新鲜农产品的农户	网络销售干货农产品的农户
最低补贴金额	1	0.2
最高补贴金额	10	500

注：数据来源于调查问卷。

以上数据分析显示，相比较而言，农户从事干货农产品网络销售获得财政补贴资金较高。这是因为政府加大对干货农产品电商扶持力度，以推动农产品深加工及农产品电子商务发展，促进农户增收。

6.1.2.9 农户从事网络销售年份、投入差异性分析

（1）农户从事网络销售年份差异性分析

从农户从事网络销售年份看，在 2006—2010 年期间，从事新鲜农产品网络销售的农户比例仅为 2.22%，从事干货农产品网络销售的农户比例为 6.06%，从事干货农产品网络销售的农户比例比从事新鲜农产品网络销售的农户比例高出 3.84 个百分点。在 2011—2015 年期间，从事新鲜农产品网络销售的农户比例为 35.56%，从事干货农产品网络销售的农户比例为 47.47%，从事干货农产品网络销售的农户比例比从事新鲜农产品网络销售的农户比例高出 11.91 个百分点。在 2016—2018 年期间，从事新鲜农产品网络销售的农户比例为 62.22%，从事干货农产品网络销售的农户比例为 46.46%，从事新鲜农产品网络销售的农户比例比从事干货农产品网络销售的农户比例高出 15.76 个百分点，具体数据见表 6-14。

表 6-14　网络销售新鲜与干货农产品的农户从事网络销售时间情况

网络销售时间	有效样本（个）			
	网络销售新鲜农产品的农户 45		网络销售干货农产品的农户 99	
	农户（个）	百分比（%）	农户（个）	百分比（%）
2006—2010 年	1	2.22	6	6.06
2011—2015 年	16	35.56	47	47.47
2016—2018 年	28	62.22	46	46.46

注：数据来源于调查问卷。

以上数据分析显示，在电子商务发展早期，从事新鲜农产品网络销售的农户比例相对较低，随着时间的推移，从事新鲜农产品网络销售的农户比例逐渐超过从事干货农产品网络销售的农户比例。调研发现，政府部门加大对新鲜农产品电子商务的扶持力度，从而推动了新鲜农产品上行。

（2）农户从事网络销售投入资金差异性分析

从农户从事网络销售当年平均投入资金看，农户从事新鲜农产品网络销售当年平均投入资金为 7.54 万元，农户从事干货农产品网络销售的为 15.86 万元，从事干货农产品网络销售的农户比从事新鲜农产品网络销售的农户当年平均多投入资金 8.32 万元。

从农户从事网络销售 2018 年投入资金看，农户从事新鲜农产品网络销售投入资金为 73.27 万元，农户从事干货农产品网络销售投入资金为 62.65 万

元，从事新鲜农产品网络销售的农户比从事干货农产品网络销售的农户 2018 年平均多投入资金 10.62 万元。

具体数据见表 6 - 15。以上数据分析显示，农户从事干货农产品网络销售当年投入资金相对较高；2018 年农户从事新鲜农产品网络销售投入资金相对较高。

表 6 - 15　网络销售农产品的农户平均当年与 2018 年投入情况

投入资金	网络销售新鲜农产品的农户		网络销售干货农产品的农户	
	金额（万元）	有效样本（个）	金额（万元）	有效样本（个）
平均当年投入	7.54	14	15.86	70
平均 2018 年投入	73.27	15	62.65	69

注：数据来源于调查问卷。

6.1.2.10　农户从事网络销售额差异性分析

从农户从事网络销售之前的销售额看，农户从事新鲜农产品网络销售之前的销售额为 17.53 万元，农户从事干货农产品网络销售之前的销售额为 184.67 万元，农户从事干货农产品网络销售之前的平均销售额比农户从事新鲜农产品的多 167.14 万元。

从农户从事网络销售 2018 年的销售额看，农户从事新鲜农产品网络销售的销售额为 42.93 万元，农户从事干货农产品网络销售的销售额为 254.76 万元，农户从事干货农产品网络销售比农户从事新鲜农产品的多 211.83 万元。

同之前的增长率相比，截至 2018 年农户从事新鲜农产品销售额增长率达 144.89%，农户从事干货农产品销售额平均增长率达 37.95%，农户从事新鲜农产品比从事干货农产品销售额平均增长率高出 106.94 个百分点，具体数据见表 6 - 16。

表 6 - 16　农户从事网络销售之前的销售额与 2018 年销售额情况

销售额	网络销售新鲜农产品的农户		网络销售干货农产品的农户	
	金额（万元）	有效样本（个）	金额（万元）	有效样本（个）
从事网络销售之前的平均销售额	17.53	27	184.67	42
2018 年的平均销售额	42.93	45	254.76	99

注：数据来源于调查问卷。

调研数据分析显示，发展农产品电子商务带来了农户农产品销量增加，其中，农户从事新鲜农产品销售额增长率相对较高，而农户从事干货农产品销售额增长率相对较低。

从平均微信销量比重看，农户从事新鲜农产品网络销售平均销量比重为52.24%，农户从事干货农产品网络销售平均销量比重为39.62%，农户从事新鲜农产品网络销售比从事干货农产品网络销售平均销量比重多12.62%，具体数据见表6-17。

表6-17　农户从事新鲜与干货农产品网络销售平均微信销量比重情况

变量名称	网络销售新鲜农产品的农户		网络销售干货农产品的农户	
	比重（%）	有效样本（个）	比重（%）	有效样本（个）
平均微信销量比重	52.24	41	39.62	69

注：数据来源于调查问卷。

以上数据分析显示，农户从事新鲜农产品网络销售平均销售额比重高于农户从事干货农产品网络销售平均销售额比重。说明微信网络营销方式逐渐被普通农户所采纳。

6.1.2.11　农户网络销售产品来源差异性分析

从农户网络销售产品全部自家生产看，网络销售新鲜农产品的农户占比为77.78%，网络销售干货农产品的农户占比为29.29%，网络销售新鲜农产品的农户占比高出网络销售干货农产品的农户占比48.49个百分点。

从农户网络销售产品全部从供应商采购看，网络销售新鲜农产品的农户占比为8.89%，网络销售干货农产品的农户占比为41.41%，网络销售干货农产品的农户占比高出网络销售新鲜农产品的农户占比32.52个百分点。

从农户网络销售产品部分自家生产与部分从供应商采购看，网络销售新鲜农产品的农户占比为13.33%，网络销售干货农产品的农户占比为29.29%，网络销售干货农产品的农户占比高出网络销售新鲜农产品的农户占比15.96个百分点，具体数据见表6-18。

数据分析显示，网络销售新鲜农产品全部自家生产的农户相对较多，而网络销售干货农产品全部从供应商采购的农户相对较多。

从农户从供应商部分采购比重看，农户网络销售新鲜农产品采购比重为71.67%，农户网络销售干货农产品采购比重为54.31%，农户网络销售新鲜农产品比重比农户网络销售干货采购比重多17.36个百分点，具体数据见表6-19。

表6-18 网络销售新鲜与干货农产品的农户产品来源情况

产品来源情况	有效样本（个）			
	网络销售新鲜农产品的农户 45		网络销售干货农产品的农户 99	
	农户（个）	百分比（%）	农户（个）	百分比（%）
全部自家生产	35	77.78	29	29.29
全部从供应商采购	4	8.89	41	41.41
部分自家生产，部分从供应商采购	6	13.33	29	29.29

注：数据来源于调查问卷。

表6-19 网络销售新鲜与干货农产品的农户产品从供应商采购比重情况

变量名称	有效样本（个）	
	网络销售新鲜农产品的农户 6	网络销售干货农产品的农户 29
	平均百分比（%）	平均百分比（%）
平均从供应商采购比重	71.67	54.31

注：数据来源于调查问卷。

数据分析显示，相比较而言，农户网络销售新鲜农产品平均从供应商部分采购比重相对较高，而农户网络销售干货农产品平均从供应商部分采购比重相对较低。

6.1.2.12 农户产品品牌差异性分析

从农户网络销售产品属于自己注册的品牌看，17.78%农户网络销售新鲜农产品属于自己注册的品牌，36.36%农户网络销售干货农产品属于自己注册的品牌，网络销售干货农产品属于自己注册品牌的农户比例比网络销售新鲜农产品的农户比例高出18.58个百分点。

从农户网络销售产品属于县域公共品牌看，17.78%农户网络销售新鲜农产品属于县域公共品牌，20.20%农户网络销售干货农产品属于县域公共品牌，网络销售干货农产品属于县域公共品牌的农户比例比网络销售新鲜农产品农户比例高出2.42个百分点。

从农户网络销售产品属于市域公共品牌看，网络销售新鲜与干货农产品属于市域公共品牌的农户比例均偏低，分别为2.22%、2.02%。

从农户网络销售产品属于他人注册的品牌看，没有农户网络销售新鲜农产品属于他人注册的品牌，26.26%农户网络销售干货农产品属于他人注册的品牌。

具体数据见表 6-20。以上数据分析显示，农户网络销售干货农产品品牌度相对较高，其中主要是自己注册的品牌与他人注册的品牌；而农户网络销售新鲜农产品品牌度相对较低，且主要是自己注册的品牌与县域公共品牌。

表 6-20　网络销售新鲜与干货农产品的农户产品品牌情况

产品品牌情况	有效样本（个）			
	网络销售新鲜农产品的农户		网络销售干货农产品的农户	
	45		99	
	农户（个）	百分比（%）	农户（个）	百分比（%）
自己注册的品牌	8	17.78	36	36.36
县域公共品牌	8	17.78	20	20.20
市域公共品牌	1	2.22	2	2.02
他人注册的品牌	/	/	26	26.26
没有品牌	28	62.22	22	22.22

注：数据来源于调查问卷。

6.1.2.13　农户工商注册差异性分析

从农户注册为个体工商户看，13.33%从事新鲜农产品网络销售的农户注册为个体工商户，33.33%从事干货农产品网络销售的农户注册为个体工商户，从事干货农产品网络销售注册为个体工商户的农户比例比从事新鲜农产品网络销售的农户比例高出 20.00 个百分点。

从农户注册为公司看，15.56%从事新鲜农产品网络销售的农户注册为公司，28.28%从事干货农产品网络销售的农户注册为公司，从事干货农产品网络销售注册为公司的农户比例比从事新鲜农产品网络销售的农户比例高出 12.72 个百分点。

从农户没有注册看，71.11%从事新鲜农产品网络销售的农户没有注册，38.38%从事干货农产品网络销售的农户没有注册，从事新鲜农产品网络销售没有注册的农户比例比从事干货农产品网络销售的农户比例高出 32.73 个百分点，具体数据见表 6-21。

表6-21　网络销售新鲜与干货农产品的农户工商注册情况

工商注册情况	有效样本（个）			
	网络销售新鲜农产品的农户		网络销售干货农产品的农户	
	45		99	
	农户（个）	百分比（%）	农户（个）	百分比（%）
注册为个体工商户	6	13.33	33	33.33
注册为公司	7	15.56	28	28.28
没有注册	32	71.11	38	38.38

注：数据来源于调查问卷。

以上数据分析显示，从事干货农产品网络销售工商注册的农户占比相对较高，其中主要是注册为个体工商户的比例相对较高。

6.1.2.14　农户产品认证差异性分析

从总体认证情况看，15.56%农户网络销售的新鲜农产品得到认证，43.44%农户网络销售的干货农产品得到认证，网络销售的干货农产品得到认证的农户比例高出网络销售新鲜农产品的农户比例27.88个百分点。

从行业认证情况看，11.11%农户网络销售的新鲜农产品得到行业认证，42.42%农户网络销售的干货农产品得到行业认证，网络销售的干货农产品得到行业认证的农户比例高出网络销售的新鲜农产品的农户比例31.31个百分点。

从国家认证情况看，4.44%农户网络销售的新鲜农产品得到国家认证，3.03%农户网络销售的干货农产品得到国家认证，网络销售的新鲜农产品得到国家认证的农户比例高出网络销售的干货农产品的农户比例1.41个百分点。

从国际认证情况看，没有网络销售农产品得到国际认证的农户。

具体数据见表6-22。以上数据分析显示，农户网络销售的干货农产品得到认证比例相对较高，而农户网络销售的新鲜农产品得到认证比例相对较低。因此，应加强新鲜农产品认证，推动更多农产品实现网络销售的竞争优势。

表6-22　网络销售新鲜与干货农产品的农户产品认证情况

认证情况	有效样本（个）			
	网络销售新鲜农产品的农户		网络销售干货农产品的农户	
	45		99	
	农户（个）	百分比（%）	农户（个）	百分比（%）
行业认证	5	11.11	42	42.42
国家认证	2	4.44	3	3.03

（续）

认证情况	有效样本（个）			
	网络销售新鲜农产品的农户		网络销售干货农产品的农户	
	45		99	
	农户（个）	百分比（%）	农户（个）	百分比（%）
国际认证	/	/	/	/
没有认证	38	84.44	56	56.56

注：数据来源于调查问卷。

6.1.2.15 农户从事网络销售（网店）投入情况差异性分析

从 2018 年农户从事网络销售（网店）的物流投入情况看，农户从事新鲜农产品网络销售（网店）的物流投入为 3.31 万元，农户从事干货农产品网络销售（网店）的物流投入为 14.39 万元，农户从事干货农产品网络销售（网店）的物流投入比农户从事新鲜农产品网络销售（网店）的多 10.08 万元。

从 2018 年农户从事网络销售（网店）的产品包装总投入情况看，农户从事新鲜农产品网络销售（网店）的产品包装总投入为 156.69 万元，农户从事干货农产品网络销售（网店）的产品包装总投入为 5.34 万元，农户从事新鲜农产品网络销售（网店）的产品包装总投入比农户从事干货农产品网络销售（网店）的多 151.35 万元。

从 2018 年农户从事网络销售（网店）的宽带总投入情况看，农户从事新鲜农产品网络销售（网店）的宽带总投入为 813.66 元，农户从事干货农产品网络销售（网店）的宽带总投入为 1 485.56 元，农户从事干货农产品网络销售（网店）的宽带总投入比平均农户从事新鲜农产品网络销售（网店）的多 671.90 元。

从 2018 年农户从事网络销售（网店）的第三方服务总投入情况看，平均农户从事新鲜农产品网络销售（网店）的为 15 000.00 元，农户从事干货农产品网络销售（网店）的为 28 110.17 元，农户从事干货农产品网络销售（网店）的第三方服务总投入比农户从事新鲜农产品网络销售（网店）的多 13 110.17 元。

从农户从事网络销售（网店）的网上商品、网店店铺广告推广总投入情况看，从事新鲜农产品网络销售（网店）的总投入为 8.85 万元，农户从事干货农产品网络销售（网店）的总投入为 28.85 万元，农户从事干货农产品网络销售（网店）的网上商品、网店店铺广告推广总投入比农户从事新鲜农产品网络销售（网店）的总投入多 20.00 万元。

　　从农户从事网络销售（网店）的学习培训电商知识技能费用情况看，农户从事新鲜农产品网络销售（网店）的费用为 2.00 万元，农户从事干货农产品网络销售（网店）的费用为 6.41 万元，农户从事干货农产品网络销售（网店）的学习培训电商知识技能费用比农户从事新鲜农产品网络销售（网店）的多 4.41 万元。

　　从农户从事网络销售（网店）的员工电商培训投入情况看，农户从事新鲜农产品网络销售（网店）的投入为 1.00 万元，农户从事干货农产品网络销售（网店）的投入为 12.40 万元，农户从事干货农产品网络销售（网店）的员工电商培训投入比农户从事新鲜农产品网络销售（网店）的多 11.40 万元。

　　从农户从事网络销售（网店）的培训人数情况看，农户从事新鲜农产品网络销售（网店）的培训人数为 1.50 人，农户从事干货农产品网络销售（网店）的培训人数为 8.20 人，农户从事干货农产品网络销售（网店）的培训人数比农户从事新鲜农产品网络销售（网店）的培训人数多 6.70 人。

　　以上数据见表 6-23。根据调查数据分析显示，农户从事新鲜农产品网络销售（网店）的仅仅在产品包装总投入方面相对较高。这一结论在调研过程中也得到证实，同干货农产品相比，新鲜农产品需要更多的包装费用，因此，需要更多投入。而农户从事干货农产品网络销售（网店）的物流投入、宽带总投入、第三方服务总投入、网上商品与网店店铺广告推广总投入、学习培训电商知识技能费用、员工电商培训投入、培训人数等方面均相对较高。

表 6-23　农户从事新鲜与干货农产品网络销售投入情况比较

投入情况	网络销售新鲜农产品的农户		网络销售干货农产品的农户	
	有效样本（个）	平均数	有效样本（个）	平均数
2018 年物流总投入（万元）	27	3.31	94	14.39
2018 年产品包装总投入（万元）	13	156.69	96	5.34
2018 年宽带总投入（元）	41	813.66	90	1 485.56
2018 年第三方服务总投入（元）	16	15 000.00	59	28 110.17

（续）

投入情况	网络销售新鲜农产品的农户		网络销售干货农产品的农户	
	有效样本（个）	平均数	有效样本（个）	平均数
2018年网上商品、网店店铺广告推广总投入（万元）	15	8.85	60	28.85
学习培训电商知识技能费用（万元）	5	2.00	17	6.41
员工电商培训投入（万元）	2	1.00	5	12.40
培训人数（人）	2	1.50	5	8.20

注：数据来源于调查问卷。

6.1.2.16　农户从事网络销售（网店）物流包裹费用差异性分析

从农户从事网络销售（网店）的第一年平均邮寄一份包裹费用情况看，农户从事新鲜农产品网络销售（网店）的为 9.23 元，农户从事干货农产品网络销售（网店）的为 8.48 元，农户从事新鲜农产品网络销售（网店）的比从事干货农产品网络销售（网店）的多 0.75 元。

从农户从事网络销售（网店）的 2018 年平均邮寄一份包裹费用情况看，农户从事新鲜农产品网络销售（网店）的为 8.23 元，农户从事干货农产品网络销售（网店）的为 6.23 元，农户从事新鲜农产品网络销售（网店）的比从事干货农产品网络销售（网店）的多 2.00 元。从降幅率看，同第一年比，平均农户从事农产品网络销售（网店）的降幅为 10.83%，平均农户从事工业品网络销售（网店）的降幅为 26.53%。网络销售新鲜农产品的物流降幅率低于网络销售干货农产品的物流降幅率 15.70 个百分点，具体数据见表 6-24。

表6-24　农户从事新鲜与干货农产品网络销售（网店）平均物流包裹费用情况（元）

物流费用	网络销售新鲜农产品的农户		网络销售干货农产品的农户	
	有效样本（个）	平均数	有效样本（个）	平均数
第一年平均物流包裹费	43	9.23	99	8.48
2018年平均物流包裹费	43	8.23	99	6.23

注：数据来源于调查问卷。

以上数据分析显示，农户从事干货农产品网络销售（网店）的平均邮寄一份包裹的费用相对便宜。

6.1.2.17　农户从事网络销售（网店）学习电商知识途径差异性分析

从农户通过自学途径学习电商知识情况看，从事新鲜农产品网络销售的农户比例为88.89％，从事干货农产品网络销售的农户比例为74.75％，从事新鲜农产品网络销售的农户比例高出从事干货农产品的农户比例14.14个百分点。

从农户通过向亲戚、朋友等熟人途径学习电商知识情况看，从事新鲜农产品网络销售的农户比例为51.11％，从事干货农产品网络销售的农户比例为75.76％，从事干货农产品网络销售的农户比例高出从事新鲜农产品的农户比例24.65个百分点。

从农户通过参与政府组织的培训途径学习电商知识情况看，从事新鲜农产品网络销售的农户比例为17.78％，从事干货农产品网络销售的农户比例为26.26％，从事干货农产品网络销售的农户比例高出从事新鲜农产品的农户比例8.48个百分点。

从农户通过参与社会机构组织的培训途径学习电商知识情况看，从事新鲜农产品网络销售的农户比例为22.22％，从事干货农产品网络销售的农户比例为9.09％，从事新鲜农产品网络销售的农户比例高出从事干货农产品的农户比例13.13个百分点。

以上数据见表6-25。调查数据分析显示，通过自学、参与社会机构组织的培训等途径学习电商知识从事新鲜农产品网络销售的农户比例相对较高，通

表6-25　农户从事新鲜与干货农产品网络销售学习电商知识途径情况

学习途径	有效样本（个）			
	网络销售新鲜农产品的农户		网络销售干货农产品的农户	
	45		99	
	农户（个）	百分比（％）	农户（个）	百分比（％）
自学	40	88.89	74	74.75
向亲戚、朋友等熟人学习	23	51.11	75	75.76
参与政府组织的培训	8	17.78	26	26.26
参与社会机构组织的培训	10	22.22	9	9.09
其他	1	2.22	/	/

注：数据来源于调查问卷。

过向亲戚与朋友等熟人、参与政府组织的培训等途径学习电商知识从事干货农产品网络销售的农户比例相对较高。

6.1.2.18 农户从事网络销售（网店）每天经营时间差异性分析

从农户从事网络销售（网店）平均每天用于电商经营时间情况看，农户从事新鲜农产品网络销售（网店）的为 6.04 小时，农户从事干货农产品的为 9.33 小时，农户从事干货农产品网络销售（网店）平均每天用于电商经营时间比农户从事新鲜农产品的多 3.29 小时，具体数据见表 6-26。

表 6-26 网络销售新鲜与干货农产品的农户从事网络销售每天经营时间情况

经营时间	网络销售新鲜农产品的农户		网络销售干货农产品的农户	
	有效样本（个）	平均数	有效样本（个）	平均数
平均每天经营时间（小时）	45	6.04	99	9.33

注：数据来源于调查问卷。

以上数据分析显示，农户从事干货农产品网络销售（网店）平均每天用于电商经营的时间相对较多。这也是干货农产品电子商务发展较好的原因。

6.1.2.19 农户从事网络销售最需要帮手知识技能差异性分析

从事新鲜农产品网络销售的农户最需要帮手知识技能前三名分别为客户服务、打包发货、货源采购等，而从事干货农产品网络销售的农户最需要帮手知识技能前三名分别为打包发货、客户服务、货源采购，具体数据见表 6-27。

表 6-27 网络销售的农户最需要帮手知识技能前三名情况

帮手知识技能	有效样本（个）			
	网络销售新鲜农产品的农户 45		网络销售干货农产品的农户 99	
	农户（个）	百分比（%）	农户（个）	百分比（%）
客户服务	11	24.44	38	38.38
打包发货	10	22.22	40	40.40
货源采购 营销策略 宝贝描述	8	17.78	37	37.37

注：数据来源于调查问卷。

可见，从事新鲜农产品与干货农产品网络销售的农户最需要帮手知识技能包括打包发货、客户服务、货源采购。因此，应加强网络销售的农户打包发货、客户服务、货源采购等方面的电商知识技能培训。

6.1.2.20　农户依托载体发展农产品电子商务差异性分析

从农户依托县级电子商务公共服务中心看，从事新鲜农产品网络销售的农户比例为 6.67%；从事干货农产品网络销售的农户比例为 10.10%；比较而言，从事干货农产品网络销售的农户比例比从事新鲜农产品的农户比例高出 3.43 个百分点。

从农户是否考虑入驻电子商务（产业）园区看，从事新鲜农产品网络销售的农户比例为 8.89%；从事干货农产品网络销售的农户比例为 34.34%；比较而言，从事干货农产品网络销售的农户比例比从事新鲜农产品的农户比例高出 25.45 个百分点，具体数据见表 6 - 28、表 6 - 29。

表 6 - 28　网络销售的农户依托县级电子商务公共服务中心情况

依托县级电子商务公共服务中心	有效样本（个）			
	网络销售新鲜农产品的农户		网络销售干货农产品的农户	
	45		99	
	农户（个）	百分比（%）	农户（个）	百分比（%）
是	3	6.67	10	10.10
否	42	93.33	89	89.90

注：数据来源于调查问卷。

表 6 - 29　网络销售的农户考虑入驻电子商务（产业）园区情况

入驻电子商务（产业）园区	有效样本（个）			
	网络销售新鲜农产品的农户		网络销售干货农产品的农户	
	45		99	
	农户（个）	百分比（%）	农户（个）	百分比（%）
是	4	8.89	34	34.34
否	41	91.11	65	65.66

注：数据来源于调查问卷。

以上数据分析显示，依托县级电子商务公共服务中心从事干货农产品网络销售的农户比例相对较高；考虑入驻电子商务（产业）园区从事干货农产品网络销售的农户比例相对较高。

6.2 网络供货新鲜与干货农产品的农户家庭收入及影响因素差异性分析

6.2.1 网络供货的农户家庭收入及利润差异性分析

6.2.1.1 网络供货的农户家庭收入差异性分析

网络供货新鲜农产品的农户给网络销售商供货之前的家庭收入为 3.42 万元，网络供货第一年的家庭收入为 4.41 万元，同之前比，第一年的家庭收入增加了 0.99 万元，家庭收入增长率为 28.95%；2018 年的网络供货农产品的农户家庭收入为 5.57 万元，同之前比，家庭收入增加了 2.15 万元，家庭收入增长率为 62.67%；同第一年比，2018 年的农户家庭收入增加了 1.16 万元，农户家庭收入增长率为 26.30%；2018 年的网络收入为 2.51 万元，占网络供货的农户家庭总收入的 45.06%，具体数据见表 6-30。

数据分析显示，从网络供货新鲜农产品的农户家庭收入来看，发展农产品电子商务带来了农户家庭收入的增加。从网络供货新鲜农产品的农户给网络销售商供货时间看，供货初期对家庭收入贡献率相对较低，随着经营时间拉长，对农户家庭收入贡献率越来越高。也就是说，在其他条件不变的情况下，网络供货新鲜农产品的农户给网络销售商供货时间越长，对农户家庭收入贡献率越大。可见，给网络销售商供货的时间是影响网络供货新鲜农产品的农户家庭收入的重要因素。此外，网络供货收入对网络供货新鲜农产品的农户家庭收入贡献率较高。

网络供货干货农产品的农户给网络销售商供货之前的家庭收入为 9.65 万元，网络供货第一年的家庭收入为 11.06 万元，同之前比，第一年的农户家庭收入增加了 1.41 万元，家庭收入增长率为 14.61%；2018 年网络供货干货农产品的农户家庭平均收入为 14.32 万元，同之前比，2018 年的农户家庭收入增加了 4.67 万元，2018 年的家庭收入增长率为 48.39%；同第一年比，2018年的农户家庭收入增加了 3.26 万元，2018 年的农户家庭收入增长率为 29.48%；2018 年网络收入为 8.51 万元，占农户家庭总收入的 59.43%，具体数据见表 6-30。

数据分析显示，从网络供货干货农产品的农户家庭收入来看，发展农产品电子商务带来了农户家庭收入的增加。从给网络销售商供货时间看，供货初期对家庭收入贡献率相对较低，随着经营时间拉长，对农户家庭收入贡献率越来越高。也就是说，在其他条件不变的情况下，网络供货干货农产品的农户给网络销售商供货时间越长，对网络供货干货农产品的农户家庭收入贡献率越大。可见，给网络销售商供货的时间是影响网络供货干货农产品的农户家庭收入的重要因素。此外，网络供货收入对网络供货干货农产品的农户家庭收入贡献率较高。

从横向看，同之前比，平均第一年的网络供货新鲜农产品的农户家庭收入增长率高于网络供货干货农产品的农户家庭收入增长率 14.34 个百分点。同之前比，平均 2018 年的网络供货新鲜农产品的农户家庭收入增长率比网络供货干货农产品的农户家庭收入增长率高出 14.28 个百分点。同第一年比，平均 2018 年的网络供货干货农产品的农户家庭收入增长率比网络供货新鲜农产品的农户家庭收入增长率高出 3.18 个百分点。平均 2018 年给网络销售商提供网货收入占网络供货干货农产品的农户家庭总收入比重比给网络销售商提供网货收入占网络供货新鲜农产品的农户家庭总收入比重高 14.37 个百分点。可见，从网货收入占家庭收入比重看，发展农产品电子商务对网络供货干货农产品的农户家庭收入贡献率相对较高，具体数据见表 6 - 30。

表 6 - 30　网络供货新鲜与干货农产品的农户家庭收入情况

家庭收入	网络供应新鲜农产品的农户		网络供应干货农产品的农户	
	金额（万元）	有效样本（个）	金额（万元）	有效样本（个）
给网商提供网货之前家庭收入	3.42	138	9.65	246
第一年家庭收入	4.41	142	11.06	250
2018 年家庭收入	5.57	143	14.32	250
2018 年网络收入	2.51	143	8.51	249

注：数据来源于调查问卷。

6.2.1.2　网络供货的农户给网络销售商提供网货之后的利润差异性分析

从给网络销售商提供网货之后利润上涨的农户比例看，给网络销售商提供网货之后利润上涨的网络供货新鲜农产品的农户占比 62.24%，给网络销售商提供网货之后利润上涨的网络供货干货农产品的农户占比 55.60%，给网络销售商提供网货之后利润上涨的网络供货新鲜农产品的农户比例比给网络销售商提供网货之后利润上涨的网络供货干货农产品的农户比例高出 6.64 个百分点。从农户给网络销售商提供网货之后的平均上涨利润看，网络供货新鲜农产品的农户给网络销售商提供网货之后的平均上涨利润为 15.76%，网络供货干货农产品的农户平均上涨利润为 18.90%，网络供货干货农产品的农户给网络销售商提供网货之后的平均上涨利润比网络供货新鲜农产品的农户给网络销售商提供网货之后的平均上涨利润多 3.14 个百分点，具体数据见表 6-31、表 6-32。

表 6-31　农户给网络销售商提供网货之后的利润是否上涨情况

利润上涨情况	有效样本（个）			
	网络供应新鲜农产品的农户 143		网络供应干货农产品的农户 250	
	农户（个）	百分比（%）	农户（个）	百分比（%）
上涨	89	62.24	139	55.60
没有上涨	54	37.76	111	44.40

注：数据来源于调查问卷。

表 6-32　农户给网络销售商提供网货之后的平均利润上涨情况

平均利润上涨情况	网络供应新鲜农产品的农户		网络供应干货农产品的农户	
	有效样本（个）	平均百分比（%）	有效样本（个）	平均百分比（%）
上涨	89	15.76	139	18.90

注：数据来源于调查问卷。

　　数据分析显示，给网络销售商提供网货之后利润上涨的网络供货新鲜农产品的农户比例相对较高，网络供货干货农产品的农户给网络销售商提供网货之后的平均上涨利润相对较高。

6.2.2　网络供货新鲜与干货农产品的农户家庭收入影响因素差异性分析

6.2.2.1　农户全职与兼职差异性分析

　　从全职看，从事新鲜农产品网络供货的农户比例为 15.38%，从事干货农产品网络供货的农户比例为 32.40%，从事干货农产品网络供货的农户比例比从事新鲜农产品网络供货的农户比例高出 17.02 个百分点。

　　从兼职看，从事新鲜农产品网络供货的农户比例为 84.62%，从事干货农产品网络供货的农户比例为 67.60%，兼职从事新鲜农产品网络供货的农户比例比从事干货农产品网络供货的农户比例高出 17.02 个百分点，具体数据见表 6-33。

表 6-33　网络销售农产品的农户全职、兼职电商情况

全职与兼职	有效样本（个）			
	网络供应新鲜农产品的农户 143		网络供应干货农产品的农户 250	
	农户（个）	百分比（%）	农户（个）	百分比（%）
全职	22	15.38	81	32.40
兼职	121	84.62	169	67.60

注：数据来源于调查问卷。

以上数据分析显示，全职从事干货农产品网络供货的农户占比高于全职从事新鲜农产品网络供货的农户，而兼职则反之。

6.2.2.2　主体差异性分析

从网络供货的主体为普通农户看，网络供货新鲜农产品的农户占比95.10%，网络供货干货农产品的农户占比 90.40%，网络供货新鲜农产品的农户比例比网络供货干货农产品的农户比例高出 4.70 个百分点。

从网络供货的主体为农业规模经营户看，网络供货新鲜农产品的农户占比4.20%，网络供货干货农产品的农户占比 7.60%，网络供货干货农产品的农户比例比网络供货新鲜农产品的农户比例高出 3.40 个百分点。

从网络供货的主体为合作社看，网络供货新鲜与干货农产品的主体为合作社的农户占比均偏低，分别为 0.70%、0.40%。

从网络供货的主体为生产企业看，没有网络供货新鲜农产品的主体为生产企业，网络供货干货农产品的主体为生产企业和中间商的农户占比偏低，均为 0.80%。

具体数据见表 6-34。以上数据分析显示，网络供货新鲜与干货农产品的主体以普通农户、农业规模经营户为主。

表 6-34　网络供货农产品的主体情况

主体情况	有效样本（个）			
	网络供应新鲜农产品的农户 143		网络供应干货农产品的农户 250	
	农户（个）	百分比（%）	农户（个）	百分比（%）
普通农户	136	95.10	226	90.40
农业规模经营户	6	4.20	19	7.60

（续）

主体情况	有效样本（个）			
	网络供应新鲜农产品的农户		网络供应干货农产品的农户	
	143		250	
	农户（个）	百分比（%）	农户（个）	百分比（%）
合作社	1	0.70	1	0.40
生产企业	/	/	2	0.80
中间商	/	/	2	0.80
其他	/	/	/	/

注：数据来源于调查问卷。

6.2.2.3　农户产品来源差异性分析

从农户网络供货全部自家生产看，网络供货为新鲜农产品的农户占比为99.30%，网络供货为干货农产品的农户占比为97.20%，网络供货为新鲜农产品的农户占比高出网络供货为干货农产品的农户占比2.10个百分点。

从农户网络供货全部从供应商采购看，没有网络供货为新鲜农产品的农户，网络供货为干货农产品的农户占比仅为0.40%。从农户网络供货产品部分自家生产与部分从供应商采购看，网络供货为新鲜与干货农产品的农户占比均较低，分别为0.70%、2.40%，具体数据见表6-35。

表6-35　网络供货新鲜与干货农产品的农户产品来源情况

产品来源情况	有效样本（个）			
	网络供应新鲜农产品的农户		网络供应干货农产品的农户	
	143		250	
	农户（个）	百分比（%）	农户（个）	百分比（%）
全部自家生产	142	99.30	243	97.20
全部从供应商采购	/	/	1	0.40
部分自家生产，部分从供应商采购	1	0.70	6	2.40

注：数据来源于调查问卷。

数据分析显示，网络供货的新鲜与干货农产品主要来自全部自家生产。

6.2.2.4　农户网络供货的销售额差异性分析

从农户给网络销售商提供新鲜农产品的平均销售额看，农户给网络销售商提供新鲜农产品之前的平均销售额为4.50万元，农户给网络销售商提供新鲜农产品第一年的平均销售额为5.49万元,同之前比,第一年平均销售额增长率为22.00%;农户给网络销售商提供新鲜农产品2018年的平均销售额为7.38万元,同之前比,2018年平均销售额增长率为64.00%;同第一年比,2018年平均销售额增长率为34.43%。

从农户给网络销售商提供干货农产品的平均销售额看,农户给网络销售商提供干货农产品之前的平均销售额为30.10万元,农户给网络销售商提供干货农产品第一年的平均销售额为30.26万元,同之前比,第一年平均销售额增长率为0.53%;农户给网络销售商提供干货农产品2018年的平均销售额为39.39万元,同之前比,2018年平均销售额增长率为30.86%;同第一年比,2018年平均销售额增长率为30.17%。

同之前比,农户给网络销售商提供新鲜农产品的第一年销售额平均增长率比农户给网络销售商提供干货农产品的第一年销售额增长率高出21.47%。同之前比,农户给网络销售商提供新鲜农产品的2018年销售额平均增长率比农户给网络销售商提供干货农产品的2018年销售额平均增长率高出33.14个百分点。同第一年比,农户给网络销售商提供新鲜农产品的2018年销售额平均增长率比农户给网络销售商提供干货农产品的2018年销售额平均增长率高出4.26个百分点。

以上数据见表6-36。调研数据分析显示,发展农产品电子商务带来了农户产品销售额增加,其中,网络供货新鲜农产品的农户产品销售额增长率相对较高,而网络供货干货农产品的农户产品销售额增长率相对较低。

表6-36 农户给网络销售商供货之前的销售额与2018年的销售额情况

销售额	网络供应新鲜农产品的农户		网络供应干货农产品的农户	
	金额（万元）	有效样本（个）	金额（万元）	有效样本（个）
给网商提供网货之前的年销售额	4.50	127	30.10	227
第一年给网商供货的销售额	5.49	143	30.26	249
2018年的销售额	7.38	143	39.39	250

注:数据来源于调查问卷。

6.2.2.5 农户给网络销售商提供网货前后员工人数变化差异性分析

从给网络销售商提供网货之前平均员工人数看,网络供货新鲜农产品农户的员工人数为 2.80 人，网络供货干货农产品农户的员工人数为 2.68 人，网络供货新鲜农产品农户比网络供货干货农产品的农户员工人数多 0.12 人。

从截至调研结束时平均员工人数看，网络供货新鲜农产品的员工人数为 3.40 人，网络供货干货农产品的员工人数为 2.63 人，网络供货新鲜农产品的农户比网络供货干货农产品的农户员工人数多 0.77 人，具体数据见表 6-37。

表 6-37　农户给网络销售商提供网货前后平均员工人数变化情况（人）

员工人数	网络供应新鲜农产品的农户		网络供应干货农产品的农户	
	有效样本（个）	平均人数	有效样本（个）	平均人数
平均之前员工人数	5	2.80	19	2.68
平均现在员工人数	5	3.40	19	2.63

注：数据来源于调查问卷。

数据分析显示，比较而言，网络供货新鲜农产品的农户平均员工人数相对较高，而网络供货干货农产品的农户平均员工人数相对较低。

6.2.2.6　农户给网络销售商提供的商品品牌差异性分析

从农户给网络销售商提供的产品属于自己注册的品牌看，1.40％的网络供货新鲜农产品的农户、32.69％的网络供货干货农产品的农户给网络销售商提供的产品属于自己注册的品牌，网络供货干货农产品的农户比例比网络供货新鲜农产品的农户比例高出 31.29 个百分点。

从农户给网络销售商提供的产品属于县域公共品牌看，4.20％的网络供货新鲜农产品的农户、28.00％的网络供货干货农产品的农户给网络销售商提供的产品属于县域公共品牌，网络供货干货农产品的农户比例比网络供货新鲜农产品的农户比例高出 23.80 个百分点。

从农户给网络销售商提供的产品属于市域公共品牌看，2.10％的网络供货新鲜农产品的农户、8.80％的网络供货干货农产品的农户给网络销售商提供的产品属于市域公共品牌，网络供货干货农产品的农户比例比网络供货新鲜农产品的农户比例高出 6.70 个百分点。

从农户给网络销售商提供的产品属于他人注册的品牌看，10.50％的网络供货新鲜农产品的农户、29.20％的网络供货干货农产品的农户给网络销售商提供的产品属于他人注册的品牌，网络供货干货农产品的农户比例比网络供货新鲜农产品的农户比例高出 18.70 个百分点。

具体数据见表6-38。以上数据分析显示，网络供货干货农产品的农户给网络销售商提供的产品品牌度相对较高。

表6-38　农户给网络销售商提供的新鲜与干货农产品品牌情况

农产品品牌情况	有效样本（个）			
	网络供应新鲜农产品的农户 143		网络供应干货农产品的农户 250	
	农户（个）	百分比（%）	农户（个）	百分比（%）
自己注册的品牌	2	1.40	17	32.69
县域公共品牌	6	4.20	70	28.00
市域公共品牌	3	2.10	22	8.80
他人注册的品牌	15	10.50	73	29.20
没有品牌	107	74.83	67	26.80

注：数据来源于调查问卷。

6.2.2.7　农户工商注册差异性分析

从农户注册为个体工商户看，0.70%的网络供货新鲜农产品的农户、10.40%的网络供货干货农产品的农户注册为个体工商户，网络供货干货农产品的农户比例比网络供货新鲜农产品的农户注册比例高出9.70个百分点。

从农户注册为公司看，2.10%的网络供货新鲜农产品的农户、3.60%的网络供货干货农产品的农户注册为公司，网络供货干货农产品的农户比网络供货新鲜农产品的农户注册为公司的比例高出1.50个百分点。

从农户没有注册看，97.20%的网络供货新鲜农产品的农户没有注册，86.00%的网络供货干货农产品的农户没有注册，具体数据见表6-39。

表6-39　网络供货新鲜与干货农产品的农户工商注册情况

注册情况	有效样本（个）			
	网络供应新鲜农产品的农户 143		网络供应干货农产品的农户 250	
	农户（个）	百分比（%）	农户（个）	百分比（%）
注册为个体工商户	1	0.70	26	10.40
注册为公司	3	2.10	9	3.60
没有注册	139	97.20	215	86.00

注：数据来源于调查问卷。

以上数据分析显示，网络供货干货农产品的农户工商注册比例相对较高，而网络供货新鲜农产品的农户工商注册比例相对偏低。

6.2.2.8 农户提供给网络销售商的产品生产地差异性分析

从农户提供给网络销售商的产品生产地为本村看，网络供货新鲜农产品的农户占比为99.30%，网络供货干货农产品的农户占比为92.00%，网络供货新鲜农产品生产地为本村的农户比例比网络供货干货农产品的农户比例高出7.30个百分点。

从农户提供给网络销售商的产品生产地为本镇看，网络供货新鲜与干货农产品的农户提供给网络销售商的产品生产地为本镇的农户占比均比较低，分别为0.70%、5.60%。

从农户提供给网络销售商的产品生产地为本县（县级市）看，没有网络供货新鲜与干货农产品的农户提供给网络销售商的产品生产地为本县（县级市）。

从农户提供给网络销售商的产品生产地为本地级市、本省、全国、全世界看，没有网络供货新鲜农产品的农户，而网络供货干货农产品的农户提供给网络销售商的产品生产地为本地级市、本省、全国、全世界占比均比较低，分别为0.40%、0.40%、1.20%、0.40%。

具体数据见表6-40。以上数据分析显示，网络供货新鲜与干货农产品的农户提供给网络销售商的产品生产地主要以本村为主。

表6-40　农户提供给网络销售商的产品生产地情况

产品生产地情况	有效样本（个）			
	网络供应新鲜农产品的农户 143		网络供应干货农产品的农户 250	
	农户（个）	百分比（%）	农户（个）	百分比（%）
本村	142	99.30	230	92.00
本镇	1	0.70	14	5.60
本县（县级市）	/	/	/	/
本地级市	/	/	1	0.40
本省	/	/	1	0.40
全国	/	/	3	1.20
全球	/	/	1	0.40

注：数据来源于调查问卷。

6.2.2.9 农户供货的网络销售商分布差异性分析

从农户供货的网络销售商分布为本村看，网络供货新鲜农产品的农户比例为 27.97%，网络供货干货农产品的农户比例为 15.20%，网络供货新鲜农产品的农户比例比网络供货干货农产品的农户比例高出 12.77 个百分点。

从农户供货的网络销售商分布为本镇看，网络供货新鲜农产品的农户比例为 37.76%，网络供货干货农产品的农户比例为 35.20%，网络供货新鲜农产品的农户比例比网络供货干货农产品的农户比例高出 2.56 个百分点。

从农户供货的网络销售商分布为本县看，网络供货新鲜农产品的农户比例为 9.79%，网络供货干货农产品的农户比例为 9.20%，网络供货新鲜农产品的农户比例比网络供货干货农产品的农户比例高出 0.59 个百分点。

从农户供货的网络销售商分布为本地级市看，网络供货新鲜农产品的农户比例为 4.20%，网络供货干货农产品的农户比例为 19.20%，网络供货干货农产品的农户比例比网络供货新鲜农产品的农户比例高出 15.00 个百分点。

从农户供货的网络销售商分布为本省看，网络供货新鲜农产品网络销售商为本省的农户比例与网络供货干货农产品的农户比例均偏低，分别为 5.59%、2.80%。

从农户供货的网络销售商分布为全国看，网络供货新鲜农产品的农户比例为 14.69%，网络供货干货农产品的农户比例为 17.20%，网络供货干货农产品的农户比例比网络供货新鲜农产品的农户比例高出 2.51 个百分点。

从农户供货的网络销售商分布为全球看，没有网络供货新鲜农产品网络销售商为全球的农户，网络供货干货农产品的网络销售商为全球的农户比例仅为 1.20%。

以上数据见表 6-41。调研数据分析显示，网络供货新鲜农产品的网络销售商分布地主要在本村、本镇、本省比例相对较高，而网络供货干货农产品的网络销售商分布地主要在本市域范围内比例相对较高。

表 6-41　农户提供给网络销售商的新鲜与干货农产品销往地情况

产品销往地情况	有效样本（个）			
	网络供应新鲜农产品的农户 143		网络供应干货农产品的农户 250	
	农户（个）	百分比（%）	农户（个）	百分比（%）
本村	40	27.97	38	15.20
本镇	54	37.76	88	35.20
本县（县级市）	14	9.79	23	9.20

（续）

产品销往地情况	有效样本（个）			
	网络供应新鲜农产品的农户 143		网络供应干货农产品的农户 250	
	农户（个）	百分比（%）	农户（个）	百分比（%）
本地级市	6	4.20	48	19.20
本省	8	5.59	7	2.80
全国	21	14.69	43	17.20
全球	/	/	3	1.20

注：数据来源于调查问卷。

6.3 网络销售和网络供货新鲜与干货农产品的农户家庭收入差异性分析

6.3.1 网络销售和网络供货新鲜农产品的农户家庭收入差异性分析

从横向看，同之前比，平均第一年的从事新鲜农产品网络供货的农户家庭收入增长率高于从事新鲜农产品网络销售的农户家庭收入增长率 17.93%。同之前比，平均 2018 年的从事新鲜农产品网络销售的农户家庭收入增长率比从事新鲜农产品网络供货的农户家庭收入增长率高出 11.96 个百分点。

同第一年比，平均 2018 年的从事新鲜农产品网络销售的农户家庭收入增长率比从事新鲜农产品网络供货的农户家庭收入增长率高出 31.33 个百分点。平均 2018 年从事新鲜农产品网络销售实现网络收入占农户家庭总收入比重比从事新鲜农产品网络供货实现网络收入占农户家庭总收入比重高出 8.76 个百分点。可见，发展农产品电子商务，第一年对从事新鲜农产品网络供货的农户家庭收入贡献率相对较高，2018 年对从事新鲜农产品网络销售的农户家庭收入贡献率相对较高，农户家庭收入情况具体数据见表 6-42。

表 6-42　网络销售和网络供货新鲜农产品的农户家庭收入情况

家庭收入情况	网络销售新鲜农产品的农户		网络供货新鲜农产品的农户	
	金额（万元）	有效样本（个）	金额（万元）	有效样本（个）
从事网络销售之前家庭收入	8.98	42	3.42	138

（续）

家庭收入情况	网络销售新鲜农产品的农户		网络供货新鲜农产品的农户	
	金额（万元）	有效样本（个）	金额（万元）	有效样本（个）
第一年家庭收入	9.96	45	4.41	142
2018 年家庭收入	15.70	45	5.57	143
2018 年网络收入	7.25	44	2.51	143

注：数据来源于调查问卷。

6.3.2　网络销售和网络供货干货农产品的农户家庭收入差异性分析

从横向看，同之前比，平均第一年的从事干货农产品网络供货的农户家庭收入增长率高于从事干货农产品网络销售的农户家庭收入增长率 9.17%。同之前比，2018 年的从事干货农产品网络供货的农户家庭收入增长率比从事干货农产品网络销售的农户家庭收入增长率高出 14.49 个百分点。

同第一年比，2018 年的从事干货农产品网络供货的农户家庭收入增长率比从事干货农产品网络销售的农户家庭收入增长率高出 2.49%。2018 年从事干货农产品网络销售实现网络收入占农户家庭总收入比重比从事干货农产品网络供货实现网络收入占农户家庭总收入比重高出 13.39 个百分点。可见，发展农产品电子商务，第一年、2018 年对从事干货农产品网络供货的农户家庭收入贡献率相对较高，农户家庭收入具体情况见表 6-43。

表 6-43　网络销售和网络供货干货农产品的农户家庭收入情况

家庭收入情况	网络销售干货农产品的农户		网络供货干货农产品的农户	
	金额（万元）	有效样本（个）	金额（万元）	有效样本（个）
从事网络销售之前家庭收入	32.01	99	9.65	246
第一年家庭收入	33.75	99	11.06	250
2018 年家庭收入	42.86	97	14.32	250
2018 年网络收入	31.21	96	8.51	249

注：数据来源于调查问卷。

6.4 网络供货新鲜与干货农产品的农户面临困难差异性 分析

6.4.1 网络供货新鲜与干货农产品的农户面临困难差异性分析

从农户从事网络供货面临货源问题看，22.22％的农户从事新鲜农产品、29.29％的农户从事干货农产品网络供货面临货源问题，从事干货农产品网络供货的农户比例比从事新鲜农产品网络供货的农户比例高出 7.07 个百分点。

从农户从事网络供货面临客户问题看，26.67％的农户从事新鲜农产品、37.37％的农户从事干货农产品网络供货面临客户问题，从事干货农产品网络供货的农户比例比从事新鲜农产品网络供货的农户比例高出 10.70 个百分点。

从农户从事网络供货面临物流问题看，51.11％的农户从事新鲜农产品、19.19％的农户从事干货农产品网络供货面临客户问题，从事新鲜农产品网络供货的农户比例比从事干货农产品网络供货的农户比例高出 31.92 个百分点。

从农户从事网络供货面临土地问题看，33.33％的农户从事新鲜农产品、8.08％的农户从事干货农产品网络供货面临土地问题，从事新鲜农产品网络供货的农户比例比从事干货农产品网络供货的农户比例高出 25.25 个百分点。

从农户从事网络供货面临资金问题看，28.89％的农户从事新鲜农产品、42.42％的农户从事干货农产品网络供货面临资金问题，从事干货农产品网络供货的农户比例比从事新鲜农产品网络供货的农户比例高出 13.53 个百分点。

从农户从事网络供货面临宣传问题看，60.00％的农户从事新鲜农产品、40.40％的农户从事干货农产品网络供货面临宣传问题，从事新鲜农产品网络供货的农户比例比从事干货农产品网络供货的农户比例高出 19.60 个百分点。

从农户从事网络供货面临仓储问题看，11.11％的农户从事新鲜农产品、13.13％的农户从事干货农产品网络供货面临仓储问题，从事干货农产品网络供货的农户比例比从事新鲜农产品网络供货的农户比例高出 2.02 个百分点。

从农户从事网络供货面临知识培训问题看，6.67％的农户从事新鲜农产品、12.12％的农户从事干货农产品网络供货面临知识培训问题，从事干货农产品网络供货的农户比例比从事新鲜农产品网络供货的农户比例高出 5.45 个百分点。

从农户从事网络供货面临人才招聘问题看，4.44％的农户从事新鲜农产品、22.22％的农户从事干货农产品网络供货面临人才招聘问题，从事干货农产品网络供货的农户比例比从事新鲜农产品网络供货的农户比例高出17.78个百分点。

从农户从事网络供货面临市场竞争较大问题看，24.44％的农户从事新鲜农产品、48.48％的农户从事干货农产品网络供货面临市场竞争较大问题，从事干货农产品网络供货的农户比例比从事新鲜农产品网络供货的农户比例高出24.04个百分点。

以上数据见表6－44。调查数据分析显示，从事新鲜农产品网络供货面临物流、土地等问题的农户比例相对较高。从事干货农产品网络供货面临货源、客户、资金、仓储、宣传、知识培训、人才招聘、市场竞争较大等问题的农户比例相对较高。

表6－44　农户从事网络供货农产品面临的困难情况

变量名称	有效样本（个）			
	网络供货新鲜农产品的农户		网络供货干货农产品的农户	
	45		99	
	农户（个）	百分比（％）	农户（个）	百分比（％）
货源问题	10	22.22	29	29.29
客户问题	12	26.67	37	37.37
物流问题	23	51.11	19	19.19
土地问题	15	33.33	8	8.08
资金问题	13	28.89	42	42.42
宣传问题	27	60.00	40	40.40
仓储问题	5	11.11	13	13.13
知识培训	3	6.67	12	12.12
人才招聘	2	4.44	22	22.22
市场竞争较大	11	24.44	48	48.48
其他	/	/	3	3.03

注：数据来源于调查问卷。

6.4.2 网络供货新鲜农产品与干货农产品的农户未能从事网络供货主要原因差异性分析

从网络供货的农户没有从事网络供货的原因为资金缺乏看，4.90％的网络供货新鲜农产品的农户、18.80％的网络供货干货农产品的农户没有从事网络供货的原因为资金缺乏，网络供货干货农产品的农户比例比网络供货新鲜农产品的农户比例高出 13.90 个百分点。

从网络供货的农户没有从事网络供货的原因为电商知识技能缺乏看，83.22%的网络供货新鲜农产品的农户、73.20%的网络供货干货农产品的农户没有从事网络供货的原因为电商知识技能缺乏，网络供货新鲜农产品的农户比例比网络供货干货农产品的农户比例高出 10.02 个百分点。

从网络供货的农户没有从事网络供货的原因为市场竞争较大看，9.79%的网络供货新鲜农产品的农户、12.40%的网络供货干货农产品的农户没有从事网络供货的原因为市场竞争较大，网络供货干货农产品的农户比例比网络供货新鲜农产品的农户比例高出 2.61 个百分点。

从网络供货的农户没有从事网络供货的原因为缺少帮手看，30.77%的网络供货新鲜农产品的农户、34.40%的网络供货干货农产品的农户没有从事网络供货的原因为缺少帮手，网络供货干货农产品的农户比例比网络供货新鲜农产品的农户比例高出 3.63 个百分点。

从网络供货的农户没有从事网络供货的原因为精力不足看，29.37%的网络供货新鲜农产品的农户、44.80%的网络供货干货农产品的农户没有从事网络供货的原因为精力不足，网络供货干货农产品没有从事网络供货因为精力不足的农户比例比网络供货新鲜农产品的农户比例高出 15.43 个百分点。

从网络供货的农户没有从事网络供货的原因为仓储问题看，4.20%的网络供货新鲜农产品的农户、2.80%的网络供货干货农产品的农户没有从事网络供货的原因为仓储问题，网络供货新鲜农产品的农户比例与网络供货干货农产品的农户比例高出 1.40 个百分点。

从网络供货的农户没有从事网络供货的原因为物流问题看，33.57%的网络供货新鲜农产品的农户、16.40%的网络供货干货农产品的农户没有从事网络供货的原因为物流问题，网络供货新鲜农产品的农户比例比网络供货干货农产品的农户比例高出 17.17 个百分点。

从网络供货的农户没有从事网络供货的原因为土地问题看，9.79%的网络供货新鲜农产品的农户、12.00%的网络供货干货农产品的农户没有从事网络供货的原因为土地问题，网络供货干货农产品的农户比例比网络供货新鲜农产品的农户比例高出 2.21 个百分点。

从网络供货的农户没有从事网络供货的原因为货源不足看，23.78%网络供货新鲜农产品的农户、9.60％网络供货干货农产品的农户没有从事网络供货的原因为货源不足，网络供货新鲜农产品的农户比例比网络供货干货农产品的农户比例高出 14.18 个百分点。

从网络供货的农户没有从事网络供货的原因为客户问题看，6.29％的网络供货新鲜农产品的农户、5.20％的网络供货干货农产品的农户没有从事网络供货的原因为客户问题，网络供货新鲜农产品的农户比网络供货干货农产品的农户高出 1.09 个百分点。

以上数据见表 6-45。调查数据分析显示，没有从事网络供货的原因为电商知识技能缺乏、仓储问题、物流问题、货源不足、客户问题等的网络供货新鲜农产品的农户比例相对较高。没有从事网络供货的原因为资金缺乏、市场竞争较大、缺少帮手、精力不足、土地问题等的网络供货干货农产品的农户比例相对较高。

表 6-45　网络供货新鲜与干货农产品的农户没有从事网络销售主要原因情况

未能从事网络供货原因	有效样本（个）			
	网络销售新鲜农产品的农户 143		网络销售干货农产品的农户 250	
	农户（个）	百分比（％）	农户（个）	百分比（％）
资金缺乏	17	4.90	47	18.80
电商知识技能缺乏	119	83.22	183	73.20
市场竞争较大	14	9.79	31	12.40
缺少帮手	44	30.77	86	34.40
精力不足	42	29.37	112	44.80
仓储问题	6	4.20	7	2.80
物流问题	48	33.57	41	16.40
土地问题	14	9.79	30	12.00
货源不足	34	23.78	24	9.60
客户问题	9	6.29	13	5.20
其他	/	/	6	2.40

注：数据来源于调查问卷。

6.5　本章小结

从农户从事新鲜与干货农产品网络销售的平均家庭收入来看，发展农产品电子商务带来了从事新鲜与干货农产品网络销售的农户家庭收入增加。从农户从事新鲜与干货农产品网络销售时间看，农户从事新鲜与干货农产品网络销售初期对家庭收入贡献率相对较低，随着经营时间拉长，对农户家庭收入贡献率越来越高。此外，网络供货收入对从事新鲜农产品网络销售的农户家庭收入贡献率较高。从网络收入占家庭收入比重看，发展农产品电子商务，第一年对从事新鲜农产品网络销售的农户家庭收入贡献率相对较高，2018 年对从事干货农产品网络销售的农户家庭收入贡献率相对较高。

从新鲜与干货农产品网络供货的农户家庭收入来看，发展农产品电子商务带来了新鲜与干货农产品网络供货的农户家庭收入增加。从新鲜与干货农产品网络供货的农户给网络销售商供货时间看，新鲜与干货农产品网络供货的农户给网络销售商供货初期对家庭收入贡献率相对较低，随着经营时间拉长，对新鲜与干货农产品网络供货的农户家庭收入贡献率越来越高。此外，网络供货收入对农产品网络供货的农户家庭收入贡献率较高。从提供网货收入占家庭收入比重看，发展农产品电子商务对给网络销售商提供干货农产品的农户家庭收入贡献率相对较高。

新鲜与干货农产品网络销售对农户增收产生差异的原因主要有以下几点：一是产品销售额的差异。网络销售可以拓宽新鲜与干货农产品的销售渠道，提升产品销售额，但是两者对储存、运输、配送的物流条件要求不同，干货农产品更易存储与运输，尽管新鲜农产品销售额增长率大大高于干货农产品，但从绝对值来看两者还是有较大差距，且从调研得知，新鲜农产品的售后问题比干货农产品多，损耗较大，一定程度上影响了销售额的增长。二是经营成本的差异。新鲜农产品与干货农产品相比，体积庞大且易变质，因此，新鲜农产品网络销售（网店）的投入成本整体上高于干货农产品网络销售（网店）的投入成本，尤其是在产品包装方面的投入。此外，平均邮寄一份新鲜农产品的包裹费用比干货农产品的包裹费用高。三是价值增值的差异。干货农产品品牌化程度相对较高，农户销售有品牌的产品较多，虽然大部分都是粗加工产品，但是也在一定程度上增加了农产品的附加值，而新鲜农产品生产过程的标准控制较难，农户的农产品品质参差不齐，品牌化进程比较慢，产品溢价增收幅度低。

当然，从事新鲜农产品网络供货面临物流、土地、宣传等问题的农户比例相对较高，从事干货农产品网络供货面临货源、客户、资金、仓储、知识培训、人才招聘、市场竞争较大等问题的农户比例相对较高。没有从事网络供货的原因为电商知识技能缺乏、仓储问题、物流问题、货源不足、客户问题等的新鲜农产品网络供货的农户比例相对较高，没有从事网络供货的原因为资金缺乏、市场竞争较大、缺少帮手、精力不足、土地问题等的干货农产品网络供货的农户比例相对较高。

第7章 农产品电子商务发展模式差异性分析

本章在第5、6章区域范围内对农产品电子商务与工业品电子商务、新鲜农产品电子商务与干货农产品电子商务发展差异性进行研究基础上，进一步对网络销售农产品发展模式差异性进行研究，主要对不同农产品电子商务发展模式中网络销售的农户增收情况进行深入探讨。浙江省农产品电子商务发展模式在实践中涌现出以农产品销售、农户为参与主体的"农户＋公司或合作社＋电商平台（FCP）"发展模式、"农户＋村基地＋农产品加工企业＋电商平台（FBEP）"发展模式、"农户＋基地＋加工企业＋网商＋电商平台（FBBP）"发展模式、"中小农户＋乡村合伙人＋综合服务商（FPF）"发展模式。

7.1 农产品电子商务发展模式

7.1.1 "农户＋公司或合作社＋电商平台（FCP）"发展模式

"农户＋公司或合作社＋电商平台"发展模式是农户作为产品生产者将产品直接供应给当地公司或合作社，公司或合作社通过各种电商平台进行产品销售。从价值链角度看，此种模式是农户负责生产，公司或合作社负责销售、营销、服务等环节。

案例1：太平新村位于永康市唐先镇太平湖西北角，库区入水口，村里有农户528户，户籍人口1 500多人，村里年轻人多外出务工，主要是留守老人。太平新村以农业为主，主要生产太平莲子，太平莲子属于水果莲，最大的特点就是脆、甜，这得益于该村的水质、阳光和有机肥。村委会将太平有机莲工商注册为村级公共品牌，并借助网络平台打响了太平有机莲的知名度、美誉度。运营模式：莲农每天早上采摘的新鲜莲子，公司派专人专车到村里集中收购，公司通过线上线下两种方式进行销售，线上通过电子商务网络销售平台将太平有机莲销往全国，线下通过传统渠道主要送往金华地区各大宾馆、饭店。目前村里有 500 多亩湖面，平均亩产 4 000～6 000 个莲蓬，平均 2.5 元/个，一般每亩地收入在 10 000～15 000 元，产量好的能够达到 8 000 个/亩，每亩收入高达 20 000 元。通过发展太平有机莲，促进留守老人增收，增加农民的幸福感、获得感、认同感。

案例 2： 潘周家村位于浦江县，是一个有着 400 多年历史的古村落，现在村里 500 余户 1 600 余口人。潘周家村传统产业"一根面"又名长寿面。2006 年潘周家村手工面合作社成立，后来成立了盘溪手工面合作社，并工商注册了三个品牌，分别是盘溪手工面、祖庭手工面、潘周家一根面，其他村民加入合作社。运营模式：村里有几家做面大户开了公司，并有相应的淘宝店，做面大户将面粉赊销给农户，农户负责为其生产加工，公司负责收购，并通过网络平台实现销售。当然，农户是独立于公司之外的，农户可以将成品"一根面"供应给公司，也可以通过微信实现产品销售。

启示： 此种模式主要依托当地传统特色产业，在乡村龙头企业带动下，将产业做强做大，让农户增收。也就是说"小生产"通过横向一体化转变为"大户（农场）"，是"小生产"转为"大生产"的一种重要形式。

7.1.2　"农户＋村基地＋农产品加工企业＋电商平台（FBEP）"发展模式

"农户＋村基地＋农产品加工企业＋电商平台"发展模式是农产品加工企业依托自然村建立农产品生产基地，自然村农户按照企业要求进行标准化种植，农户生产的农产品由企业统一收购，农户负责管理、采收，企业负责技术服务、收购。

案例 3： 泰顺泰上香农业开发有限公司成立于 2016 年 7 月，从 2016 年开始在泗溪镇上庄村、南溪村、半地洋村小规模种植辣椒，经过近三年发展到拥有几百亩种植基地，公司建立了自然村基地，主要便于采摘、管理以及"辣瘟"控制。目前辐射雅阳镇、三魁镇、东溪乡、柳峰乡、雪溪乡等 5 个乡镇450 户农户，并建立了 2 个基地（司前镇、雅阳镇各 20 多亩）。2017 年公司正式投入生产，主要加工当地特色农产品黄辣椒（泰顺种植的黄辣椒因为气候、土壤具有独特香味、辣度）。2017 年开始在淘宝网上销售。2018 年销售额达300 多万元，450 多户农户平均每户增收 3 000～5 000 元。截至 2019 年 8 月份，公司实现销售额 200 多万元。同时，对产品实行可追溯，将农户提供的新鲜原材料黄辣椒送到雅阳镇农业科检测。公司一直向产业化发展，围绕辣椒产业，逐步建立"农户＋自然村基地＋农产品加工企业＋电商平台"发展模式。

对于农户来讲，最初黄辣椒产量为1 000～2 000斤*/亩，现在科学种植产量上升到3 000～4 000斤/亩，按协议收购价3.5元/斤，农户种植黄辣椒至少每亩收入5 000元，最多能达到10 000多元，而农户种植水稻年收入不到2 000元/亩，种植黄辣椒极大提高了农民收入水平。正如雪溪乡大路边村MZC说："传统主要种植土豆、水稻、玉米，由于山区野猪泛滥，一个晚上可以毁掉整个玉米地或番薯地，造成农户颗粒无收。在乡村带头人姚总帮扶下，2018年开始种植1亩1 000多株黄辣椒，收入近11 000元，如果是种植水稻的话最多收入2 000元，收入高达5倍多，真正实现精准扶贫，像这样的农户（本村）还有几十家。"

启示：泰顺属于"九山半水半分田"的典型山区地形地貌，特色农业资源比较丰富，适宜像中国台湾、日本一样发展精致农业，精致农业附加值比较高，生态产品品质好，消费者认可的是品质，而不是价格，对于像泰顺这样的山区农村来说，走规模化种植农业是行不通的，走"精致农业"是一条可行之路，实现产业转型，由传统农业向现代农业转型。

7.1.3 "农户＋基地＋加工企业＋网商＋电商平台（FBBP）"发展模式

"农户＋基地＋网商＋电商平台"发展模式是农户在村域或村域以外地方建立农产品生产基地，并在村域内实现产品加工，再将产品销售给网商或农户自己通过淘宝、天猫、微信等网络平台进行销售，网络销售商通过各种网络平台实现产品销售。

案例4：平园村位于浙江省温州市乐清市大荆镇西北首，距离乐清市50千米，距离温州市85千米，区域面积2.1平方千米，现在村里有农户526余户1 700多口人，林地多，有6 600余亩，耕地面积较少，只有332亩。平园村被誉为"中国铁皮石斛加工之乡"是产业发源地，种植铁皮石斛历史悠久。由于平园村可利用土地资源有限，借力本村人才优势，实施"走出去，引进来"发展思路。铁皮石斛产业模式以本地资源为辅，依托外省基地资源为主，将基地扩大到省外，建立省外农产品基地、村域内加工为中心的产销合一模

＊ 斤：1斤＝500克。

式。据统计，截至 2018 年，该村铁皮石斛产业种植面积为 326 亩，而异地产业种植规模达近万亩，形成了专业合作社、规模种植户、生产加工企业多种主体，有效推动了铁皮石斛产业规模化发展。同时，建立了"雁吹雪""平园""贡斛"等地域品牌。为了进一步推动铁皮石斛产业发展，开展"互联网＋乐清铁皮石斛"线上线下营销模式，并建立了电子商务服务站点、仓储、培训、货源对接等完善的服务体系。平园村依托良好的资源禀赋，借力电子商务，发展铁皮石斛产业，实现了村域经济壮大，农户增收致富，形成了年销售 5 亿多元的石斛产业，村民年人均纯收入超 4 万元。

启示：平园村利用特有资源禀赋优势，采用"互联网＋"模式，扩大产品销售与知名度，扩大基地种植面积，带动特色农业产业发展，不局限于村域有限土地资源，在省外建立农产品基地，促进了省外传统农业向现代农业转型，也推动了本地加工业发展。

7.1.4 "中小农户＋乡村合伙人＋综合服务商（FPF）"发展模式

赶街村货模式中小农户作为新鲜食材供应商，公司在每个村庄招募一个乡村合伙人，其主要作用是收集村货信息，是商品采购人，也可以称为农村农产品买手，根据公司要求采购合格村货后，送到县 O2O 仓库，公司根据自己标准入库、检验，然后再通过社区营销网络进行营销。

"赶街村货"发展背景：赶街公司定位是农村服务平台，也是 2017 年国家商务部公布的全国 15 家精准扶贫核心企业之一。根据国务院农普办组织的全国第三次农业普查数据显示，截至 2016 年，全国小农户从业人员占到农业经营主体 90％以上，小农户耕地面积占总面积 70％以上。中小农户利用传统方法种养殖的优质农产品（土鸡、土鸡蛋、土猪、瓜果蔬菜等）销售不畅，主要原因在于生产规模小、标准化程度低、供应链难度高；另外，中小农户信息化程度低、市场化能力较弱，但城市端对中小农户村货需求量大。随着中国老百姓消费观念进一步升级，城市消费者对于生态农产品的需求大大超过以往。两类产品正在成为消费者眼中的宠儿：一是进口高端生鲜农产品；二是真正的农户自产村货。但是村货在城市销售端往往真假难辨，让消费者无从选择。发端于 20 世纪 60 年代社区支持农业 CSA（Community Supported Agriculture）模式最早出现在德国、瑞士、日本，在日本，"村民直卖店"模式受到消费者的热烈追捧，在中国，CSA 组织也在兴起。在中国，利用新兴崛起的移动互联网和新零售模式，链接中小农户群体和城市消费群体，不仅可以助推消费升级，也有利于推动精准扶贫。在此背景下，赶街村货应运而生。

运营模式： 赶街村货主要服务聚焦于中小农户，在县城设 O2O 生鲜体验店，在生产端农户一户设一码，再运用消费端社群营销。而现有农产品电商模式"特色农产品＋全国型电商平台＋全国消费者"这种模式只能解决部分偏大宗、标准化包装易储存及配送的农产品销售，中小农户难以受惠，而生鲜类农产品发全国，供应链难度极大，走本地流通才是主流。由于本地流通半径短，能保证新鲜度和体验度。生鲜村货产品保质期短，对物流快递要求高，本地供应本地，可以尽可能地保证产品新鲜度，接近成熟期采摘可极大提升产品体验度。二是只做当季产品，拒绝反季节产品。农产品的自然属性决定了当季产品有更好的口感和营养健康度。赶街村货只做当季产品，虽然降低了 SKU（Stock Keeping Unit，是库存进出计量的基本单元）数量，但却保证了产品品质。诸多案例证明，以县域为发展范围的赶街村货模式的可复制性，带动区域上千家农户家庭实现近万元收入。

启示： 许多农村地区农产品资源丰富，但数量有限，规模效应无法体现，充分利用网络销售平台，实现资源有效整合与渠道有效链接，使分散农产品集中收集到赶街村货体验店，实现规模销售，能促进农户收入增加。

7.2 浙江省农产品电子商务发展模式差异性分析

本节重点考察不同农产品电子商务发展模式对农户的价值贡献率，以此来鉴别哪种发展模式给农户带来价值贡献更大。基于第 2 章的理论依据及文献综述，本小节选取经济维度下，农户家庭收入指标来评价不同模式对农户的价值贡献率。

7.2.1 模式总体农户家庭收入

从模式总体调查农户看，从从事网络销售前后的家庭收入比较分析发现，发展农产品电子商务带来了农户家庭收入增加以及较高幅度增长。农户从事网络销售之前的家庭收入平均为 5.68 万元，农户从事网络销售第一年的家庭收入为 6.94 万元，同之前比，增加了 1.26 万元，增长率为22.18%；2018 年的家庭收入为 10.98 万元，同之前比，增加了 4.86 万元，增长率为 93.31%，同第一年比，增加了 4.04 万元，增长率为 58.21%；2018 年网络收入为 6.35 万元，占家庭总收入的 57.83%，具体数据见表 7-1。数据分析可见，农户从事网络销售初期对家庭收入贡献率相对较低，随着经营时间拉长，对农户家庭收入贡献率越来越高，且网络销售对农户家庭收入贡献率较高。

表 7-1　模式总体农户家庭收入情况（万元）

家庭收入情况	均值	有效样本（个）
从事网络销售之前家庭收入	5.68	256
第一年家庭收入	6.94	
2018 年家庭收入	10.98	
2018 年网络收入	6.35	

注：数据来源于调查问卷。

7.2.2　不同模式农户家庭收入

数据分析发现，不同模式农户从事网络销售之后的家庭收入均高于从事网络销售之前的家庭收入。

FCP 模式中的农户平均从事网络销售之前的家庭收入为 5.84 万元，从事网络销售第一年的家庭收入为 8.75 万元，同之前比，农户家庭收入增加了 2.91 万元，农户家庭收入增长率为 49.83%；2018 年的农户家庭收入为 14.80 万元，同之前比，农户家庭收入增加了 8.96 万元，农户家庭收入增长率为 153.42%，同第一年比，农户家庭收入增加了 6.05 万元，农户家庭收入增长率为 69.14%；2018 年网络收入为 7.32 万元，占农户家庭总收入的 49.46%。数据分析显示，从 FCP 模式中的农户家庭收入来看，发展农产品电子商务带来了农户家庭收入增加，具体数据见表 7-2。数据分析显示，从 FCP 模式中的农户家庭收入来看，发展农产品电子商务带来了农户家庭收入增加。结论同对模式总体农户分析趋同。

FBBP 模式中的农户平均从事网络销售之前的家庭收入为 20.22 万元，从事网络销售第一年的家庭收入为 23.40 万元，同之前比，增加了 3.18 万元，增长率为 14.31%；2018 年的农户家庭收入为 37.38 万元，同之前比，农户家庭收入增加了 17.16 万元，农户家庭收入增长率为 77.23%，同第一年比，农户家庭收入增加了 13.98 万元，农户家庭收入增长率为 59.74%；2018 年网络收入为 28.21 万元，占家庭总收入的 75.47%，具体数据见表 7-3。数据分析显示，从 FBBP 模式中的农户家庭收入来看，发展农产品电子商务带来了农户家庭收入增加。结论同对模式总体农户分析趋同。

表 7-2　FCP 发展模式农户家庭收入情况（万元）

家庭收入情况	均值	有效样本（个）
从事网络销售之前家庭收入	5.84	62
第一年家庭收入	8.75	
2018 年家庭收入	14.80	
2018 年网络收入	7.32	

注：数据来源于调查问卷。

表 7-3　FBBP 模式农户家庭收入情况（万元）

家庭收入情况	均值	有效样本（个）
从事网络销售之前家庭收入	20.22	41
第一年家庭收入	23.40	
2018 年家庭收入	37.38	
2018 年网络收入	28.21	

注：数据来源于调查问卷。

FBEP 模式中的农户平均从事网络销售之前的家庭收入为 1.57 万元，从事网络销售第一年的家庭收入为 2.04 万元，同之前比，农户家庭收入增加了 0.47 万元，农户家庭收入增长率为 29.94%；2018 年的农户家庭收入 4.45 万元，同之前比，农户家庭收入增加了 2.88 万元，农户家庭收入增长率为 183.44%，同第一年比，增加了 2.41 万元，增长率为 118.14%；2018 年网络收入为 2.12 万元，占农户家庭总收入的 47.64%，具体数据见表 7-4。数据分析显示，从 FBEP 模式中的农户家庭收入来看，发展农产品电子商务带来了农户家庭收入增加。结论同对模式总体农户分析趋同。

FPF 模式中的农户平均从事网络销售之前的家庭收入为 2.40 万元，从事网络销售第一年的家庭收入为 2.55 万元，同之前比，农户家庭收入增加了 0.15 万元，农户家庭收入增长率为 6.25%；2018 年的农户家庭收入为 2.98 万元，同之前比，农户家庭收入增加了 0.58 万元，农户家庭收入增长率为

24.17%，同第一年比，增加了 0.43 万元，增长率为 16.86%；2018 年网络收入为 0.38 万元，占农户家庭总收入的 12.75%，具体数据见表 7-5。数据分析显示，从 FPF 模式中的农户家庭收入来看，发展农产品电子商务带来了农户家庭收入增加。结论同对模式总体农户分析趋同。

表 7-4　FBEP 模式丽水地区农户家庭收入情况（万元）

家庭收入情况	均值	有效样本（个）
从事网络销售之前家庭收入	1.57	46
第一年家庭收入	2.04	
2018 年家庭收入	4.45	
2018 年网络收入	2.12	

注：数据来源于调查问卷。

表 7-5　FPF 模式农户家庭收入情况（万元）

家庭收入情况	均值	有效样本（个）
从事网络销售之前家庭收入	2.40	128
第一年家庭收入	2.55	
2018 年家庭收入	2.98	
2018 年网络收入	0.38	

注：数据来源于调查问卷。

7.2.3　不同模式农户家庭收入差异性分析

根据调研数据分析显示，不同模式中的农户从事网络销售家庭收入也存在差异性。从不同模式中的农户家庭收入内部差异性看，同之前比，截至 2018 年，平均 FCP 模式、FBBP 模式、FBEP 模式、FPF 模式等四种模式中的农户参与网络销售家庭收入增长率分别为 153.42%、77.23%、183.44%、24.17%；同参与网络销售第一年比，截至 2018 年，平均 FCP 模式、FBBP 模式、FBEP 模式、FPF 模式等四种模式中的农户参与网络销售家庭收入增长率分别为 69.14%、59.74%、118.14%、16.86%。从上述两组数据可以发现，FBEP 发展模式对农户家庭收入增长率最高，其次是 FCP 发展模式，而 FPF 发展模式对农户家庭收入增长率最低。究其原因在于两个方面，一方面，

FBEP 发展模式中企业对农产品进行深加工后通过线上线下在世界范围进行销售，且农户都是规模种植，而 FPF 发展模式中对农产品只是简单包装通过线上在区域范围内进行售卖，农户不是规模种植；另一方面，FBEP 发展模式中农户经营的农产品具有地域特色，属于稀缺资源，而 FPF 发展模式中农户经营的农产品不属于稀缺资源。此外，从网络贡献率看，平均 2018 年 FCP 模式、FBBP 模式、FBEP 模式、FPF 模式等四种模式中的农户网络收入占家庭总收入的比例分别为 49.46%、75.47%、47.64%、12.75%（表 7-2、表 7-3、表 7-4、表 7-5）可以看出，FBBP 发展模式对农户收入贡献率最大，而 FPF 发展模式对农户家庭收入贡献率最低。原因在于在 FBBP 发展模式中农户经营的农产品属于附加值较高的经济作物，且网络扩大了销售范围。而 FPF 发展模式对农户家庭收入贡献率较低的原因除了前述几点以外，还与此模式中农户参与度偏低有关。而农户参与度偏低的原因有两个方面：一方面，农户普遍文化程度不高，学习与获得电商知识手段与途径不多。另一方面，电商运营成本提升，压缩了参与农户的利润空间，也是影响农户参与度不高的原因。农户参与度不高也主要表现在两个方面：首先，网商的急剧裂变，必然带来网络同质化竞争拉低利润的同时，也引致网店运营（比如直通车费用）成本居高不下。其次，诸如学习成本、租金成本、劳动力成本等不断攀升，进一步提高了参与农户的交易费用。

7.3　本章小结

多年来，浙江省政府高度重视信息化建设，基础设施不断完善，持续优化信息服务体系，借力网络普及推动发展，依托地缘优势和先进科技，大力倡导以信息化的电子商务来造福"三农"，各个相关部门都花费了大量的人力、财力、物力，从村村通工程、信息下乡、万村千乡到人员培训，自上而下推进。近几年，淘宝（含天猫）为主力军的各类市场化电子商务平台异军突起，伴随左右的电子商务服务业也随之发展壮大。在各类第三方市场化网络平台上，越来越多的农户、电商从业者等市场主体，依靠自己的打拼或社会资本的投入来开展电子商务，形成了一种自下而上式、新型的农产品电商发展方式。

根据农产品电子商务的参与主体将其划分为以四种发展模式。①"农户＋公司或合作社＋电商平台"发展模式是农户作为产品生产者将产品直接供应给当地公司或合作社，公司或合作社通过各种电商平台进行产品销售。②"农户＋村基地＋农产品加工企业＋电商平台"发展模式是农产品加工企业依托自然村建立农产品生产基地，自然村农户按照企业要求进行标准化种植，农户生产的农产品由企业统一收购，农户负责管理、采收，企业负责技术服务、收购。③"农户＋基地＋网商＋电商平台"发展模式是农户在村域或村域以外地方建立农产品生产基地，并在村域内实现产品加工，再将产品销售给网络销售商或农户自己通过淘宝、天猫、微信等网络销售渠道进行销售，网络销售商通过各种网络销售平台实现产品销售。④"中小农户＋乡村合伙人＋综合服务商"发展模式中中小农户作为新鲜食材供应商，综合服务商在每个村庄招募一个乡村合伙人，其主要作用是收集村货信息，是商品采购人，也可以称为农村农产品买手，根据公司要求采购合格村货后，送到县 O2O 仓库，公司根据自己标准入库、检验，然后再通过社区营销网络进行营销。

第8章 浙江省农产品电商发展对策建议

8.1 政府加大农产品电子商务扶持力度

　　农产品电子商务是促进农户家庭增收的一条有效途径。首先，政府应大力推进农村地区网络、交通、冷链、仓储等农产品网络销售软硬件基础设施建设，使更多农户有条件开展生鲜农产品网络销售，进而打通生鲜农产品网络销售渠道，缓解生鲜农产品上行难和最后一公里的问题，促进农户增收。其次，政府着力激发流通领域市场主体发展活力，鼓励开展包装技术的创新，减少一次性包装的大量使用，有效解决生鲜农产品包装成本高、损耗严重的问题。再次，政府应着力推进农产品品牌化、品质化、价值化建设，不断提高农户农产品品牌意识，引导农户生产优质农产品，同时鼓励支持有能力的农户开展农产品加工，将部分生鲜农产品加工成干货农产品，既可以突破农产品的季节性制约，又能增加产品附加值，可以有效增加农户家庭收入。最后，政府应积极培养农产品网络销售人才，加大对农户的培训，提高农户利用互联网带动产品销售的能力。总体来说，在政府对农产品网络销售进行适当支持的基础上，依托各地的产品优势和广阔市场需求，农产品网络销售就能发挥出巨大潜力，有效促进农产品上行，实现农户家庭收入的持续增长。

8.2 打造区域农产品品牌

　　构建农产品品牌，尤其要加大"山区26县"农产品品牌建设，强化农产品质量标准化体系和品牌建设，建立农产品质量标准、质量认证和质量溯源等"三位一体"的农产品质量标准化体系。积极鼓励和支持特色农产品进行"三品一标"和浙江省名优产品等认证，加强特色农产品品牌化建设，提升产品价值和知名度。结合浙江省特色农产品种植优势和产业优势，重点培育一批龙头企业，打造具有一定影响力的专业农产品电商交易平台；同时，借力第三方交易平台，扩大区域特色农产品的知名度，采用政府主导、主体运营模式，覆盖全区域、全品类、全产业链的区域农产品区域公用品牌，通过培育区域公用品牌，提升区域农产品市价，品牌赋能提高农产品的生态附加值，带动农业经营主体增收致富。

8.3　构建农产品供应链体系

全面构建"县级电商综合配送中心——乡镇电商配送站——村级电商配送点"三级农村电商配送物流体系，打造县域新鲜农产品网络配送体系，通过县域消费带动本地农产品的销售，由村到乡到县物流送达，扩大本地特色农产品的本地购买和消费能力。创新新鲜农产品供应链，主要解决同质化农产品的激烈竞争问题，因此，打造"一县一品""一乡一品""一村一品"极力构建区域地标性的农产品品牌，打造强大势能的生鲜农产品供应链，突破农产品网络销售严重的同质化困境，带动区域农产品产业的发展，促进供应商农户增收致富。

8.4　构建新媒体营销模式

构建新媒体营销模式，主要开展短视频、直播带货模式。开展场景营销，新媒体彻底改变了客户体验感，通过视频、直播让消费者体验农产品种植的过程，建立消费场景，促进农产品消费和快速传播。要善于对用户数据进行挖掘、追踪和分析，在由时间、地点、用户和关系构成的特定场景下，连接用户线上线下的行为。

8.5　加快农产品跨境电子商务发展

浙江省农产品跨境电子商务发展尚处于起步阶段。调查发现，浙江省几乎没有农户开展跨境电商从事农产品网络销售，而从事工业品网络销售农户比例偏低。要加快农产品跨境电商发展，构建农产品跨境电商发展体系。农户从事跨境电商开展工业品网络销售的主要困境是物流成本高和缺乏跨境电商人才。因此，培育跨境电商人才，应加快农产品跨境电子商务发展，开拓国际市场。

8.6　积极培育农产品电子商务参与主体

积极开展网商与供应商主体培育，尤其要加快对新鲜农产品网商与供应商农户培育力度，加快各类新鲜农产品供应商向网商转化，还要培育新型网商与供应商主体。通过在运用电子商务销售农产品方面比较成功的规模农业经营户和农业经营单位中树立典范，评选农产品电子商务致富带头人，积极引导返乡下乡人员在农产品方面开展创业创新，带动农户增收致富。建立创业人员的长效服务机制，树立由短期培训转向长期培养的转变观念。加强网商主体经营能力，尤其要加强对从事新鲜农产品销售网商农户经营能力培训力度，促进网商农户拥有各类网店数量及经营网店能力。降低政策实施门槛，积极落实各项政策，相关部门应该积极落实农产品电子商务发展的各项优惠政策和措施，调动从业者的积极性，同时，吸引更多农户和企业加入农产品电商活动中。

参 考 文 献

［1］ 王海娜，陈旭，杨印生，等，2020. 农产品电商发展的东西部差异研究［J］. 统计与决策（2）：93-96.

［2］ 张驰，宋瑛，2017. 农产品电子商务研究新进展：行为、模式与体系［J］. 中国流通经济（10）：55-64.

［3］ Morehart. M. and Hopkins. J.，2000. On the upswingl Online buying 8L selling of cropinputs and livestock ［R］. Agricultural Outlook，Economic Research Service/USDA，september.

［4］ FRITZ M，HAUSERT，SCHIEFERGC.，2004. Developments and development directions of electronic trade platformsin US and European agri-food markets：impact on sector organization ［J］. International food and agribusiness management Review（1）：1-21.

［5］ NASS.，2011. Farm Computer usage and Ownership ［R］. National Agricultural Statistics Service（NASS），Agricultural Statistics Board，U. S. Department of Agriculture. Washington，D. C. 2005-2011.

［6］ VOLPENTESTAAP，AMMIRATOS.，2007. Evaluating web interfaces of B2C e-commerce systems for typical agrifood producets ［J］. Inernational journal of entrepreneurship and innovation management（1）：74-91.

［7］ Gibbons. M. and offer，A. L.，2007. Information and Communication Technology（ICT）Adoption—Results of a Survey of the England and Wales Farming Community. EFITA 2007 Proceedings ［C］. Glasgow（uK）. September.

［8］ DEFRA.，2010. Farm Business Management Practice in England—Result From the 2007/08 Farm Survey ［R］. Defm on Farm Business Management Practices，released on Ist March.

［9］ CLOETE E，DOERS M.，2008. B2B e-marketplace adoption in South African agriculture，information technology for development（3）：184-196.

［10］ Williams J.，2001. E-commerce and agricultural commodity markets：E-commerce and the lessons from nineteenth century exchanges ［J］. American Journal of Agricultural

Economics, 83 (5): 1250 – 1257.

[11] Carpio C E, Isengildina-Massa O, Itmie R D, et al., 2013. Does ecommeree help agri-cultural markets? The case of MarketMaker [J]. Choices, 28 (4): 1 – 6.

[12] BACARINE, MADEIRARM, MEDEIROSCB., 2008. Contact e-negotiation in agri-cultural supply chains [J]. International journal of electronic commerce (4): 71 – 98.

[13] MONTEALEGREF, THOMPSONS, EALESCJS., 2007. An empirical analysis of the determinants of success of food and agribusiness e-commerce firms [J]. International Food and Agribusiness Management Review, 10 (1): 61 – 81.

[14] RoLF A E. Mueller., 2000. Emergent E-commerce in Agriculture [J]. Agriculture IB-sues Brief, 42 (12): 34 – 37

[15] Dobbs J H., 1998. Competition's New Battleground: The Integrated Value Chmn [z]. Cambridge Technology Partners.

[16] orrester J W., 1961. Industrial Dynamics [M]. Cambridge (MA): MIT Press.

[17] Turban E., 2003. Electronic Commerce A Managefial Perspective. 2nd Edition. PHEI, Beijing. 371 – 373.

[18] STRITTO G D, SCHIRALDI M M., 2013. A strategy oriented framework for food and beverage e-supply chain management [J]. Inernational journal of engineering busi-ness magagement (5): 1 – 12.

[19] Arayesh M B., 2015. Investigating the Financial and Legal-security Infrastructure Af-fecting the Electronic Marketing of Agricultural Products in Ilam Province [J]. Proce-dia-social and Behavioral Sciences, 205 (9): 542 – 549.

[20] Menger C., 1981. Principles of Economics [M]. New York: New York University Press: 189 – 190.

[21] Henderson J R., 2001. Networking with E-commerce in rural America [J]. Main Street Economist (Sep).

[22] Ghobakhloo M, Arias-Aranda D, Benitez-Amado J., 2011. Adoption of E-commerce Applications in SMEs [J]. Industrial Management &. Data Systems, 111 (8): 1238 – 1269.

[23] HOBBS JE, BOYDSL, KERRWA., 2003. TobeornottoB-2C: e-commerce for mar-keting specialized livestock products [J]. Journal of international food and agribusiness marketing (3): 7 – 20.

[24] MOLLA A, PESZYNSKI K, PITTAYACHAWAN S., 2010. The use of e-business in agribusiness: investigating the influence of e-readiness and OTE factors [J]. Jour-nal of global information technology management (1): 56 – 78.

[25] BODINI A, ZANOLI R. , 2011. Competitive factors of the agrofood e-commerce [J]. Journal of food products marketing (2): 41 - 60.

[26] FRITZ M, CANAVARI M. , 2008. Management of perceived e-business risks in food-supply networks: e-trust as prerequisite for supply-chain system innovation [J]. Agribusiness (3): 355 - 368.

[27] DELLOSG, SCHIRALDIMM. , 2013. A strategy oriented framework for food and beverage e-supply chain management [J]. International journal of engineering business management (50): 1 - 12.

[28] ZAPATASD, CARPIOCE, ISENGILDINA-MASSAO, et al. , 2013. The economic impact of services provided by an electronic trade platform: the case of MarketMaker [J]. Journal of agricultural&-resource economics (3): 359 - 378.

[29] JIONGM, XUL, HUANGQ, et al. , 2013. Research on the e-commerce of agricultural products in Sichuan province [J]. Journal of digital information management (2): 97 - 101.

[30] Clarke G, Thompson C, Birkin M. , 2015. The Emerging Geography of E-Commerce in British Retailing [J]. Regional Studies, Regional Science, 2 (1): 371 - 391.

[31] MCKINNEY V, YOON K, ZAHEDI F. , 2002. The measurement of web - customer satisfaction: an expectation and disconfirmation approach [J]. Information Systems Research, 13 (3): 296 - 315.

[32] ERNSTS, HOOKERNH. , 2006. Signalingqualityinane-commerce environment [J]. Journal of food products marketing (4): 11 - 25.

[33] Irsehman A O. , 1970. Exit, voice, and loyalty: Responses to decline in firms, organizations, and states [M]. Social Forces.

[34] Eisenach J A, Lenard T M. , 1999. Competition, innovation and the Microsoft monopoly: Antitrust in the distal marketplace [M]. Springer Netherlands.

[35] Trusov M, Bucklin R E, Pauwels K. , 2009. Effects of word—of mouth versus traditional marketing: Findings from an interact social networking site [J]. Journal of Marketing, 73 (5): 90 - 102.

[36] WANGZ, YAOD, YUEX. , 2015. E-business system investment for fresh agricultural food industry in China [J]. Annals of operations research (1): 1 - 16.

[37] MIKALEF P, PATELI A. , 2017. Information technology enabled dynamic capabilities and their indirect effect on competitive performance: findings from PLSSEM and FSQCA [J]. Joural of Business research (70): 1 - 16.

[38] Coase, R H. , 1937. The Nature of the Fhm [J]. Ecoflomicqt. New Series, 4 (16):

386 – 405.

[39] Malone T W. Joanne Y. Benjamin R I. , 1987. Electmmdc Markets and Electmmdc Hier-archY [J]. Cemmunlcations of the ACM. 30 (6): 484 – 497.

[40] Holland, C P, Lockeu A G. , 1997. Mixed Mode Network structures: The Strategic Use of Electronic Communication by Organizations [J]. Organization Science, 8 (5): 475 – 488.

[41] Monta H, Nakahara H. , 2004. Impacts of the Information-Technology Revolution on Japanese Manufacturer-Supplier Relationships [J]. Jourual of the Japanese and Inter-national Economies (18): 390 – 415.

[42] LEONGC, PANSL, NEWELLS, et al. , 2016. Theemergenceof self-organizinge-com-merce ecosystems in remote villages of china: a tale of digital empowerment for rural development [J]. MISquarterly, 40 (2): 475 – 484.

[43] ALGHAMDIR, NGUYENATA, JONESV. , 2013. Wheel of B2C e-commerce devel-opment in Saudi Arabia [M]. Berlin: Springer Berlin Heidelberg: 1047 – 1055.

[44] ROTHWELLR, WALTERZ. , 1985. Reindusdalization and technology [M]. Logman Group Limited, (London: Logman Group): 104.

[45] BANKERR, MITRAS, SAMBAMURTHYV. , 2011. The effects of digital trading platforms on commodity pricesin agricultural supply chains [J]. MIS quarterly, 35 (3): 599 – 611.

[46] BODINIA, ZANOLIR, 2011. Competitive factors of the agro-food e-commerce [J]. Journal of food products marketing, 17 (2 – 3): 241 – 260.

[47] Wheatley W P, Buhr B, Dipietre D. , 2001. E-Commerce In Agriculture: Develop-ment, Strategy, And Market Implications [J]. Staff Papers.

[48] NG E. , 2005. An empirical framework developed for selecting B2B e-business models: the case of Australian agribusiness firms [J]. Journal of business and industrial mar-keting (4): 218 – 225.

[49] POOLE B. , 2001. How will agricultural e-markets evolve? [R]. WashingtonDC: pa-per presented at the usd a outlook forum.

[50] WENW. , 2007. Aknowledge-based intelligent electronic commerce system for selling agricultural products [J]. Computer and electronics in agriculture (1): 33 – 46.

[51] CARPIOCE, ISENGILDINA-MASSAO, LAMIERD, et al. , 2013. Dosee-commerce help agricultural markets? The case of market maker [J]. The magazine of food, farm & resource issues, 32 (12): 27 – 28.

[52] STRZEBICKID. , 2015. The development of electronic commerce in agribusiness the

polish example [J]. Procedia economics and finance (23)：1314 - 1320.

[53] Poole. B. , 2001. How will Agricultural E-Markets Evolve? [C]. Paper Presented at the USDA Outlook Forum Washington IX：February：22 - 23.

[54] Wilson，P. , 2001. An overview of Developments and Prospects for e-Commerce in the Agricultural Sector [R]. Agrculture DG. European Commission.

[55] F Islam，MMH Kazal，MH Rahman. ，2016. Potentiality on e-commerce in the rural community of Bangladesh. Progressive Agriculture，27 (2)：207 - 215.

[56] 何小洲，刘丹，2018. 电子商务视角下的农产品流通效率 [J]. 西北农林科技大学学报（社会科学版），18 (1)：58 - 65.

[57] 刘阳，修长柏，2019. 基于技术效率视角下农产品电子商务发展研究 [J]. 科学管理研究，37 (3)：135 - 139.

[58] 年志远，李宁，鲁竞夫，等，2019. 基于 DEA 方法的农产品电商投入产出效率分析 [J]. 统计与决策 (4)：109 - 111，112.

[59] 田刚，张蒙，李治文，2018. 生鲜农产品电商企业技术效率及其影响因素分析——基于改进 DEA 方法与 Tobit 模型 [J]. 湖南农业大学学报（社会科学版），19 (5)：80 - 87.

[60] 田刚，张义，张蒙，等，2018. 生鲜农产品电子商务模式创新对企业绩效的影响——兼论环境动态性与线上线下融合性的联合调节效应 [J]. 农业技术经济 (8)：135 - 144.

[61] 雒翠萍，李广，聂志刚，2019. 涉农企业自建农产品电商平台运营模式分析——以甘肃巨龙公司"聚农网"和"沙地绿产"为例 [J]. 生产力研究 (9)：65 - 70.

[62] 易法敏，2006. 电子商务平台与农产品供应链的网络集成 [J]. 财贸研究 (6)：13 - 18.

[63] 杨路明，李彬彦，2019. 农产品电子商务与物流协同发展策略研究 [J]. 资源开发与市场，35 (11)：1402 - 1408.

[64] 刘建鑫，王可山，张春林，2016. 生鲜农产品电子商务发展面临的主要问题及对策 [J]. 中国流通经济，30 (12)：57 - 64.

[65] 魏来，陈宏，2007. 绿色农产品电子商务平台对于供应链垂直协作体系的影响研究 [J]. 软科学，21 (5)：68 - 71.

[66] 易法敏，夏炯，2007. 基才电子商务平台的农产品供应链集成研究 [J]. 经济问题 (1)：87 - 90.

[67] 刘睿智，赵守香，张铎，2019. 长三角地区生鲜农产品电商物流问题及优化研究——基于冷链供应链管理系统 [J]. 现代管理科学 (5)：69 - 71，87.

[68] 盛革，2010. 农产品虚拟批发市场协同电子商务平台构建 [J]. 商业研究 (3)：189 - 193.

[69] 汪旭晖，张其林，2016. 电子商务破解生鲜农产品流通困局的内在机理 [J]. 中国软

科学（2）：39-55.

[70] 周安宁，应瑞瑶，2012.我国消费者地理标志农产品支付意愿研究——基于淘宝网"碧螺春"交易数据的特征价格模型分析 [J].华东经济管理（7）：111-114.

[71] 梁文卓，侯云先，葛冉，2012.我国网购农产品特征分析 [J].农业经济问题（4）：40-43.

[72] 林家宝，万俊毅，鲁耀斌，2015.生鲜农产品电子商务消费者信任影响因素分析：以水果为例 [J].商业经济与管理（5）：5-15.

[73] 吴自强，2015.生鲜农产品网购意愿影响因素的实证分析 [J].统计与决策（20）：100-103.

[74] 刘春明，郝庆升，周杨，等，2019.电商平台中绿色农产品消费者信息采纳行为及影响因素研究——基于信息生态视角 [J].情报科学，37（7）：151-157.

[75] 李连英，聂乐玲，傅青，2020.不同类群消费者购买社区电商生鲜农产品意愿的差异性分析——基于南昌市 578 位消费者的实证 [J].农林经济管理学报，19（4）：457-463.

[76] 高恺，盛宇华，2018.区域性农产品电商平台使用意向影响因素实证研究 [J].中国流通经济（1）：67-74.

[77] 罗昊，赵袁军，余红心，等，2019.农民参与农产品电商营销的行为分析——基于广东省农业乡镇的实证调查 [J].农林经济管理学报，18（2）：161-170.

[78] 郭锦墉，肖剑，汪兴东，2019.主观规范、网络外部性与农户农产品电商采纳行为意向 [J].农林经济管理学报，18（4）：453-461.

[79] 吕丹，张俊飚，2020.新型农业经营主体农产品电子商务采纳的影响因素研究 [J].华中农业大学学报（社会科学版）（3）：72-83.

[80] 闫贝贝，刘天军，孙晓琳，2002.社会学习对农户农产品电商采纳的影——基于电商认知的中介作用和政府支持的调节作用 [J].西北农林科技大学学报（社会科学版）（7）：1-12.

[81] 廖杉杉，邱新国，2018.农产品电商就业质量的影响因素 [J].中国流通经济（4）：59-69.

[82] 易法敏，2009.农业企业电子商务应用的影响因素研究 [J].科研管理，30（3）：180-186.

[83] 林家宝，胡倩，2017.企业农产品电子商务采纳与常规化的形成机制 [J].华南农业大学学报（社会科学版）（5）：98-112.

[84] 林家宝，罗志梅，李婷，2019.企业农产品电子商务采纳的影响机制研究——基于制度理论的视角 [J].农业技术经济（9）：129-142.

[85] 李蕾，林家宝，2019.农产品电子商务对企业财务绩效的影响——基于组织敏捷性的

视角 [J]. 华中农业大学学报（社会科学版）(2)：100 - 109.

[86] [145] 鲁钊阳，2018. 品牌培育对农产品电商发展的影响研究——基于我国东、中、西部 15 个省级单位的 2 131 份问卷调查 [J]. 现代经济探讨 (2)：87 - 99.

[87] 鲁钊阳，2018. 农产品地理标志在农产品电商中的增收脱贫效应 [J]. 中国流通经济 (3)：16 - 26.

[88] 夏文汇，2003. 电子商务平台下农产品物流运作模式研究 [J]. 农村经济 (7)：5 - 6.

[89] 向敏，袁嘉彬，于洁，2015. 电子商务环境下鲜活农产品物流配送路径优化研究 [J]. 科技管理研究 (8)：166 - 171，183.

[90] 马晨，王东阳，2019. 新零售时代电子商务推动农产品流通体系转型升级的机理研究及实施路径 [J]. 科技管理研究 (1)：197 - 204.

[91] 刘刚，2017. 生鲜农产品电子商务的物流服务创新研究 [J]. 商业经济与管理 (3)：12 - 19.

[92] 侯振兴，闫燕，2017. 区域农产品电子商务政策文本计量研究 [J]. 中国流通经济 (11)：45 - 53.

[93] 鲁钊阳，2018. 政府扶持农产品电商发展政策的有效性研究 [J]. 中国软科学 (5)：56 - 78.

[94] 田刚，张义，张蒙，等，2018. 生鲜农产品电子商务模式创新对企业绩效的影响——兼论环境动态性与线上线下融合性的联合调节效应 [J]. 农业技术经济 (8)：135 - 144.

[95] 鲁钊阳，2018. 跨境农产品电商发展影响因素的实证研究 [J]. 国际贸易问题 (4)：117 - 127.

[96] 陈祖武，杨江帆，2017. 跨境电商平台在降低农产品出口成本中的作用 [J]. 云南社会科学 (3)：75 - 79.

[97] 鲁钊阳，廖杉杉，李瑞琴，2021. 哪种电商平台更能促进跨境农产品电商的发展？[J]. 制度经济学研究 (3)：101 - 128.

[98] 孙百鸣，王春平，2009. 黑龙江省农产品电子商务模式选择 [J]. 商业研究 (8)：175 - 176.

[99] 冯亚伟，2016. 供销社综合改革视角下农产品电子商务模式研究 [J]. 商业研究 (12)：132 - 137.

[100] 吴卫群，李志新，2017. 中国生鲜农产品电商发展的问题及模式创新研究 [J]. 世界农业 (6)：213 - 217.

[101] 张禹，魏振锋，2018. 电商销售模式下农产品安全控制研究 [J]. 生产力研究 (6)：96 - 100.

[102] 唐红涛，郭凯歌，2020. 农产品电商模式能实现最优生产效率吗？[J]. 商业经济与

管理，340（2）：5-16.

[103] 纪良纲，王佳淏，2020."互联网＋"背景下生鲜农产品流通电商模式与提质增效研究 [J]. 河北经贸大学学报（双月刊）(1)：67-75.

[104] 霍红，贾雪莲，徐玲玲，2020. 电商参与融资的农产品供应链运营决策研究 [J]. 工业工程与管理（6）：34-41，74.

[105] 昝梦莹等，2020. 农产品电商直播：电商扶贫新模式 [J]. 农业经济问题（11）：77-86.

[106] 魏秀芬，张淑荣，张大光，2021. 基于市级区域电商平台的天津市农产品电商企业扶贫模式与机制研究 [J]. 天津农学院学报，3（1）：83-88.

[107] 鲁钊阳，廖杉杉，2016. 农产品电商不同融资方式选择的影响因素研究 [J]. 统计与信息论坛，31（11）：103-111.

[108] 刘静娴，沈文星，2016. 农产品电商发展问题及模式改进对策 [J]. 现代经济探讨（7）：38-41.

[109] 张新洁，2018. 少数民族地区特色农产电子商务发展探究——以云南为例 [J]. 贵州民族研究（7）：161-165.

[110] 朱君璇，2008. 新农村建设视角下的我国农业电子商务发展策略 [J]. 农业经济（11）：93-94.

[111] 杨静，刘培刚，王志成，2008. 新农村建设中农业电子商务模式创新研究 [J]. 中国科技论坛（8）：117-121.

[112] 卫明，廖丹萍，2011. 新农村建设下我国农业电子商务发展路径研究 [J]. 安徽农业科学（22）：13722-13723，13734.

[113] 成晨，丁冬，2016."互联网＋农业电子商务"：现代农业信息化的发展路径 [J]. 情报科学，V34（11）：49-52.

[114] 林家宝，李婷，鲁耀斌，2018. 环境不确定性下农产品电子商务能力对企业绩效影响的实证研究 [J]. 商业经济与管理（9）：65-75.

[115] 陈卫洪、王莹、王晓伟，2019. 电商发展对农产品进出口贸易的影响分析 [J]. 农业技术经济（4）：134-142.

[116] 凌宁波，朱风荣，2006. 电子商务环境下我国农产品供应链运作模式研究 [J]. 江西农业大学学报（社会科学版），5（1）：91-94.

[117] 李晓，2018. 基于大数据的生鲜农产品电商配送优化研究 [J]. 农村经济（6）：106-109.

[118] 杨洋，穆炯，曹云忠，2012. 依托电子商务扩展农村服务业产业链——以四川地震灾区为例 [J]. 江苏商论（1）：52-55.

[119] 戴盼倩，姚冠新，徐静，2019. 农产品电商发展对农业转型升级的倒逼效应——基于省际静态与动态面板数据的实证分析 [J]. 农林经济管理学报，18（3）：302-312.

[120] 颜强，王国丽，陈加友，2018. 农产品电商精准扶贫的路径与对策 [J]. 农村经济 (2)：45－51.

[121] 宫钰，郭智芳，章文光，2020. 电商扶贫农产品促进型监管模式比较分析 [J]. 中国行政管理 (8)：26－32.

[122] 关海玲，陈建成，钱一武，2010. 电子商务环境下农产品交易模式及发展研究 [J]. 中国流通经济 (1)：45－47.

[123] 刘川锋，王瑞梅，胡好，等，2018. "互联网＋" 背景下公益性农产品电子商务批发市场构建 [J]. 科技管理研究 (3)，203－208.

[124] 李明，邱淼，田洪春，等，2016. "互联网＋农产品" 模式在农产品批发市场上的应用研究 [J]. 现代农业科技 (10)：340－343.

[125] 孙炜，万筱宁，孙林岩，2004. 电子商务环境下我国农产品供应链体系的结构优化 [J]. 工业工程与管理 (5)：33－37，41.

[126] 郝国强，2019. 特色农产品电商营销模式及技术支持研究 [J]. 广西民族大学学报 (哲学社会科学版) (1)：77－84.

[127] 冷霄汉，戴安然，2019. 关系和信任：电商主导下的农产品供应链研究 [J]. 烟台大学学报 (哲学社会科学版)，32 (1)：115－124.

[128] 李琰，2019. 甘肃省农产品电子商务及信息系统建设研究 [J]. 生产力研究 (1)：84－87，103.

[129] 杨路明，施礼，2019. 农产品供应链中物流与电商的协同机制 [J]. 中国流通经济 (11)：40－53.

[130] 何小洲，刘丹，2018. 电子商务视角下的农产品流通效率 [J]. 西北农林科技大学学报 (社会科学版)，18 (1)：58－65.

[131] 吕丹，张俊飚，2020. 新型农业经营主体农产品电子商务采纳的影响因素研究 [J]. 华中农业大学学报 (社会科学版) (3)：72－83.

[132] 陈洋，李爽，张宇航，等，2020. 基于演化博弈的不安全行为的羊群效应研究 [J]. 技术经济，39 (2)：144－155.

[133] RIZZOLATTI G. Imitation. ，2014. Mechanisms importance for human culture [J]. Rcndiconti Lincci，25 (3)：285－289.

[134] 胡枫，陈玉宇，2012. 社会网络与农户借贷行为：来自中国家庭动态跟踪调查 (CFPS) 的证据 [J]. 金融研究 (12)：178－192.

[135] 张文宏，2003. 社会资本：理论争辩与经验研究 [J]. 社会学研究 (4)：23－35.

[136] 周红云，2002. 社会资本理论述评 [J]. 马克思主义与现实 (5)：29－41.

[137] 胡伟斌、黄祖辉，2021. 实施乡村建设行动，促进实现共同富裕 [N]. 中国社会科学报，11－10 (6).

[138] 周应恒、刘常瑜，2018. "淘宝村" 农户电商创业集聚现象的成因探究——基于沙集镇和颜集镇的调研 [J]. 南方经济（1）.

[139] 曾亿武、陈永富、郭红东，2019. 先前经验、社会资本与农户电商采纳行为 [J]. 农业技术经济（3），3.

[140] 李全海，郑军，张明月，2022. 易获得性、先前经验、政府支持与农户电商创业意愿 [J]. 山东社会科学（3）：118 - 125.

[141] 何德华，韩晓宇，李优柱，2014. 生鲜农产品电子商务消费者购买意愿研究 [J]. 西北农林科技大学学报（社会科学版），14（4）：85 - 91.

[142] 林家宝，万俊毅，鲁耀斌，2015. 生鲜农产品电子商务消费者信任影响因素分析——以水果为例 [J]. 商业经济与管理，283（5）：5 - 15.

[143] GARRISON G，WAKEFIELD R L，KIM S.，2015. The Effects of IT Capabilities and Delivery Model on Cloud Computing Success and Firm Performance for Cloud Supported Processes and Operations [J]. International Journal of Information Management，35（4）：377 - 393.

[144] AKTER S，WAMBA S F，GUNASEKARAN A，et al.，2016. How to Improve Flrm Performance Using Big Data Analytics Capability and Business Strategy lignment? [J]. International Journal of Production Economics（182）：113 - 131.

[145] 张建军，赵启兰，2019. 区域农产品电子商务物流能力综合评价与实证研究 [J]. 技术经济与管理研究（2）：3 - 8.

图书在版编目（CIP）数据

基于产品与模式视角下浙江省农产品电子商务发展差异性研究 / 陈旭堂，黄艳娴，张燕著. —北京：中国农业出版社，2022.12
　　ISBN 978-7-109-29953-5

Ⅰ.①基… Ⅱ.①陈… ②黄… ③张… Ⅲ.①农产品－电子商务－研究－浙江 Ⅳ.①F724.72

中国版本图书馆 CIP 数据核字（2022）第 163093 号

基于产品与模式视角下浙江省农产品电子商务发展差异性研究
JIYU CHANPIN YU MOSHI SHIJIAOXIA ZHEJIANGSHENG NONGCHANPIN
DIANZI SHANGWU FAZHAN CHAYIXING YANJIU

中国农业出版社出版
地址：北京市朝阳区麦子店街 18 号楼
邮编：100125
责任编辑：王秀田
版式设计：杜　然　责任校对：吴丽婷
印刷：北京中兴印刷有限公司
版次：2022 年 12 月第 1 版
印次：2022 年 12 月北京第 1 次印刷
发行：新华书店北京发行所
开本：700mm×1000mm　1/16
印张：10.75
字数：200 千字
定价：68.00 元